マンガでわかる！

世界のすごい爬虫類

加藤英明の爬虫類ワールドハンティング

著＝加藤英明
マンガ・イラスト＝蛸山めがね

誠文堂新光社

はじめに

こんにちは。加藤英明です。

突然ですが、皆さんは爬虫類に対してどんなイメージを持っていますか？

この本を手にとってくれたなら、爬虫類が好きという人も多いと思いますが、なかには爬虫類はちょっと苦手という人もいるかもしれませんね。

爬虫類は他の生き物に比べるとまだまだ情報が少なく謎のヴェールに包まれた生き物。その生態が理解されないまま、奇妙な見た目もあって「気味が悪い」と嫌われてしまうこともあるようです。

でも、そんな生き物だからこそ「なぜこんな姿カタチをしているのだろう？」「どんな進化を遂げてきたのだろう？」と興味を掻きたてられる存在であり、新しい発見の宝庫です。

旅先では「その爬虫類の気持ちになって考える」ことで目当ての爬虫類を見つけます。そして見つけたら、爬虫類の体を傷つける道具は使わず素手で捕まえることが私の思うフェアなやり方です。

実際に触れてみて分かる爬虫類の体の作りや特徴、力強さなど、些細な事実が生態の解明に繋がる貴重な情報源となります。

なかには危険な毒をもち捕まえることで命を落としかねないヘビやトカゲもいますが、それに屈していては未知の生き物は未知のまま。

この本では、そんな体当たりの爬虫類調査の旅の一部を紹介しています。私が世界各地で目の当たりにしてきた【すごい爬虫類たち】の生態を、一緒にワクワクしながら知ってもらえたら嬉しいです。

爬虫類が好きな人はもっと爬虫類を好きになることを、爬虫類が苦手な人は新たな魅力に気づいてくれることを淡く期待しつつ……。

しばし、私の旅にお付き合いください！

Contents

キャラクター紹介

加藤英明

静岡大学教育学部の講師であり世界中を巡る生き物の研究者。専門分野はカメやトカゲなどの爬虫類。「爬虫類ハンター」との異名を持ち、不思議な爬虫類を見つけるとつい夢中になって捕まえちゃうクセがある。たまに夢中になり過ぎて、人体の限界を超えた特殊能力を発揮する！

不思議なトカゲ

加藤先生の旅のバディ。手乗りサイズで、お気に入りの場所は加藤先生の頭の上やポケットの中。日向ぼっこが好きで天気がいい日はすぐうとうと眠ってしまう。臆病な性格で旅先で危険な場面に遭遇すると、口を大きく開いて威嚇する。ちょっとだけ人の言葉が話せる!?

1章

コモド島

インドネシア

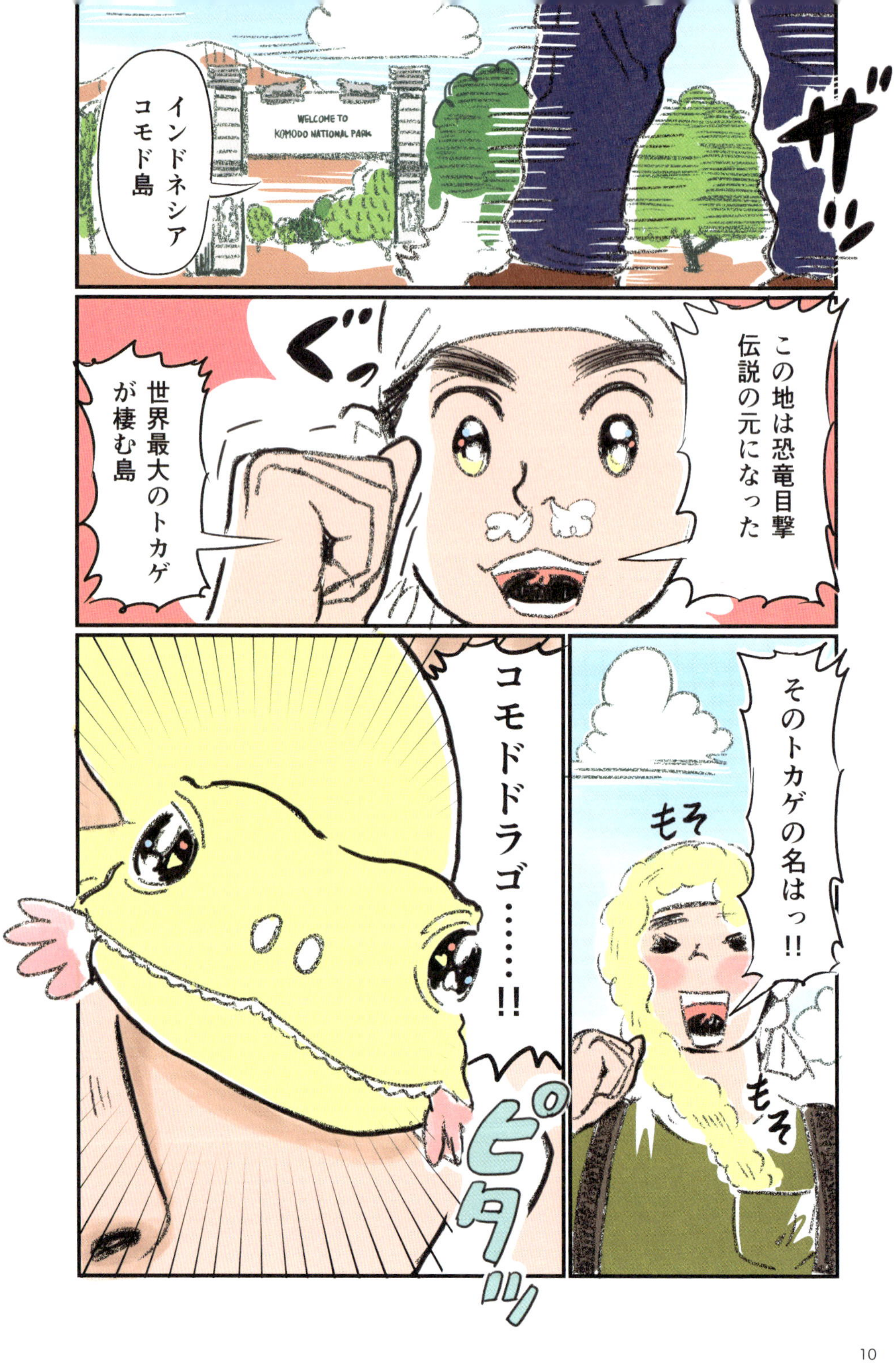
ザザッ
WELCOME TO KOMODO NATIONAL PARK
インドネシア
コモド島
この地は恐竜目撃
伝説の元になった
ぐっ
世界最大のトカゲ
が棲む島
そのトカゲの名はっ!!
もそ
もそ
コモドドラゴ……!!
ピタッ

1章 コモド島 インドネシア

キャッ
キャッ
アハハ
ウフフ
ドーーン
OMG
な、なんか
想像してたのと
違う!!
あれ?
カトーは
写真撮らないの?
わ、私は
野生のものが
いいので
いやでも
こんな機会
めったに・・・
ブツ
ブツ

計測《けいそく》・検査《けんさ》・観察中《かんさちゅう》!!
でもせっかくなんで！
スタッ
・・・・・・
ピッ
シャーッ
ギュイイイイィ〜ン
これはこれで観察しがいがありましたが
私達は野生のコモドに会いに行きましょう！
ハァ
ハァ
ピタッ

トッケートッケー
ザクッザクッ
ハッ
お！
あの木の幹には
毒々しい色をしていて
大声で鳴く
トッケイヤモリ
上の枝には
猛毒を持つ
アオハブがいるね！
トッケー
トッケー
実は コモド
ドラゴンの子供も
木の上に
棲んでいるんだよ

あの
野生コモドの前に
ツカツクリの巣を
探していいですか?
ツカツクリと
いうのは
キジに
似た鳥でね
こう
こんもりとした
巣を作るんだけど
ザクッ
ザクッ
コモドドラゴンは
その巣に
…
卵を産むんだ
卵があるって
ことは……!
コモドの赤ちゃん
産まれてるね

キョロ
キョロ
すっく
バーン!
いたっ!!
コモドドラゴンの
子供!
産まれた子供が
なぜすぐ木の上に
移動するかというと…
親が子供を
食べちゃうから
なんだ
ぴゃー
…一見
残酷のようだけど
生き残った個体が
強い遺伝子を
受け継いでいくんだ
……
カトー

※コモド島は、観光客の増加による環境悪化のため2020年から観光目的の訪問が禁止されることになった。

爬虫類図鑑

世界最大にして
最強のトカゲ

嗅覚《きゅうかく》は発達し、数 km 先にある動物の死骸《しがい》の匂いも察知。

こう見えて
泳げるけど
島からは出ないぜ

1回の食事で自分の体重の80%の量を食べる。満腹になれば、約1カ月食べなくても平気。

コモドオオトカゲは、世界でもインドネシア南部にあるコモド島とその周辺の島にしか棲息していない希少生物。ウロコ状の皮膚に最大3mにもなる巨体でのしのし歩く姿は恐竜そのものだ。

IUCN（国際自然保護連合）のレッドリストに掲載されている絶滅危惧種で、野生で確認されている個体数は約3200頭。その生態は未《いま》だ謎に包まれた部分も多い。

2006年にはイギリスの動物園で、オスとの接触がないメスが単独で妊娠して卵を産み孵《ふ》化《か》させる「単為生殖《たんいせいしょく》」が確認され話題を呼んだ。

コモドオオトカゲ

DATA

学　名：*Varanus komodoensis*
分　類：オオトカゲ科オオトカゲ属
全　長：2～3m
分　布：コモド島、フローレンス島、リンチャ島

危険度★★★★★

毒

25cmもの長い舌を出し入れすることで「匂いの分子」を舌につけ、獲物の匂いを嗅ぎ分ける。

大きく開いた口にはノコギリ状の特殊な歯がびっしり！

日光浴によって体温調整する

コモドオオトカゲは日光浴をして体温調節を行う。午前中は太陽の光を浴びて体温を上げ、体温が上がり過ぎると今度は木陰や岩間に隠れて体温を下げる。

強力な毒が最大の武器

自分より何倍も大きなスイギュウに襲い掛かかる。腐肉を貪り骨まで丸のみにする。

鋭いカギ状の爪を持つ。ひとたび手にかかれば致命傷だ。

狩りでは特殊能力を使う

コモドオオトカゲのエサは大型の哺乳類。俊敏な動きで獲物に襲い掛かって咬みつく。咬みついたら引っ張るようなしぐさをするが、これは歯の間にある毒管から獲物に毒を流し込むためだ。コモドオオトカゲはヘモトキシンという出血性の毒を持っており、咬まれれば血が止まらなくなってショック死する。

コモドオオトカゲの狩りは独特だ。狙った獲物に咬みついたら、獲物が逃げてもすぐには追わない。やがて死に至ることを知っているからだ。逃げた獲物

コモドオオトカゲの赤ちゃん。一度に30個ほどの卵を産み卵は8カ月ほどで孵化する。

迫力の恐竜バトルを見逃すな！

メスをめぐってオス同士が争う「コンバットダンス」は見もの！5月から8月の繁殖シーズンに見られる。

は優れた嗅覚によって探し出す。使うのは長い舌。空気中に漂う腐肉の匂いを舌で敏感に感じ取り、数㎞先にある死骸も見つけられるといわれている。

子育てもすごい！

コモドオオトカゲは卵生だが親が卵を守るのは産んだ直後のわずかな間だけ。孵化すれば自分の子どもを食べてしまうこともある。そのため、赤ちゃんは産まれてすぐに木に登り危害を加えられないようにする。危険を察知する能力と逃げ足の速さを備えた強い個体のみが生き残れるという、過酷な子育て方法だ！

咬みつく力は
ヤモリ界最強レベル

トッケイヤモリ

DATA

学　名：*Gekko gecko*
分　類：ヤモリ科ヤモリ属
全　長：25～35㎝
分　布：東南アジア

夕暮れに「トッケイ」と鳴く

水玉柄のカラフルな体にネコのような目を持つ大型のヤモリ。模様は緑や黒などのカラーパターンもある。ペットとしても人気が高く世界各地で飼育されているが、アゴの力が強く気性が荒いので触れるときには十分注意が必要。

シロクチアオハブ

DATA

学　名：*Trimeresurus albolabris*
分　類：クサリヘビ科アジアハブ属
全　長：50～80㎝
分　布：東南アジア

木の上で暮らす夜行性

鮮やかな緑の体色で黄金の目を持つ。口の下アゴから腹部にかけて白っぽく、やや黄みがかる。木の上で生活し、夜になると体を枝に巻きつけながら移動する。葉っぱの色に体を隠しながらトカゲや鳥類などに近づき捕食《ほしょく》する。

顔立ちが
イカすでしょ?

ストライプ柄の
親戚もいるよ！

フローレスミナミトカゲ

DATA

学名：*Sphenomorphus striolatus*
分類：トカゲ科ミナミトカゲ属
全長：12～14cm
分布：インドネシア（フローレス島、コモド島）

ハントの難易度は高い！

リンチャ島やコモド島で見られるトカゲで森や丘などに棲息している。木の幹をつたって素早く走りまわりすばしっこい。ときには獲物の昆虫を見つけると、じっと待ち伏せて捉える賢さも見せる。コモドオオトカゲの子どもの食糧としても重要な生き物。

ラッセルクサリヘビ

DATA

学名：*Daboia russelii*
分類：クサリヘビ科ラッセルクサリヘビ属
全長：1.2～1.7m
分布：インド～東南アジア

出血毒に要注意！

褐色《かっしょく》の胴体に鎖《くさり》柄の模様が特徴。人にとっても致命傷になる強烈な毒を持っており、もし咬まれれば痛みにもがき苦しむことになる。攻撃的な性格で体を膨らませて噴気《ふんき》音を出しながら威嚇《いかく》する。一度に60匹もの幼蛇を産む。

毒

危険度★★★★★

インドでは
コブラと並ぶ
4大大蛇の1匹サ

面積：390㎢
人口：約2,000人
言語：インドネシア語
気候：サバナ気候

まるで恐竜!? 世界最大のトカゲに会いに行く

白亜紀にタイムスリップ？

自然豊かなアジアの秘境

インドネシア共和国の東ヌサ・トゥンガラ州にあるコモド島は、およそ1億3千万年前の火山活動によって形成された島で、面積は沖縄本島の3分の1ほど。東部の海岸には「パンタイ・メラ」と呼ばれる赤珊瑚《さんご》のかけらが砂浜に混ざってピンク色に染まったビーチがあり、世界でも他に類を見ない豊かな海洋環境を有しています。

1000種類以上の魚や珊瑚をはじめ、クジラやジュゴンなど驚くほど多くの生き物の本拠地となっているため、海中に潜れば目の前に広がるのはカラフルな世界！ ダイビングスポットとしての人気も高く世界中から旅行客が訪れています。

危険生物が目の前に！

しかし、この島を初めて訪れた人は「白亜紀の生き残り」と言われるコモドオオトカゲが島中を歩き回っている光景に驚くことでしょう。

コモドオオトカゲは血の匂いを嗅ぎつければ人までも襲う可能性がある危険生物。観光客はレンジャーの指示に従うことが義務づけられて単独行動は許されていません。実際に1974年には成人男性がコモドオオトカゲに食べられるという事故や、2017年にはレンジャーを同行しなかった観光客がコモドオオトカゲに襲われてケガをするという事故が起きています。

でも、この島ではコモドオオトカゲは観光客向けのアトラクションのようでもあり、ある程度人に慣れているものもいるので、現地で見れば危険生物というイメージからはかけ離れて見えるかもしれません。昼間はのんびり日向ぼっこをする姿も見られます。

気持ちよさそうに日向ぼっこで体温調節中。どこかおとなしいペットのようにも見える。

コモドオオトカゲ発見の歴史

未知の生物に遭遇！

　コモドオオトカゲは百年ほど前まで未知の生き物でした。コモドオオトカゲが発見されたのは1911年にオランダ人の小型飛行機がコモド島に不時着したときと伝えられていますが、当時は「恐竜の生き残りだ」と騒がれたようです。それ以降もスウェーデンの動物学者やアメリカ人のジャーナリストの目撃情報によって「全長は4ｍ」「いや7ｍ」など、実際と異なる情報が錯《さく》そうした記録が残っています。

　しかし、正確には発見された翌年にジャワ島の博物館館長オーウェンス氏によって「コモドオオトカゲは恐竜ではなくトカゲの仲間だ」と学術的に報告されていました。

なぜ生き残れた？

地質年表

1億3千万年前、火山の噴火によりコモド島が形成
オオトカゲ誕生！
恐竜時代
先カンブリア時代
古生代
三畳紀
ジュラ紀
白亜記
中生代
古第三記
新第三記
第四期
新生代
5億4千万年前
2億5千万年前
6.500万年前

オオトカゲ類は、今から6千5百万年も前にローラシア大陸で出現しその後、世界中に拡散したと考えられています。オーストラリアやインドネシアの島々に行き着いたオオトカゲの祖先種の一部がここまで巨大に進化したのは、それだけ過酷な生存競争を生き延びてきたことを物語っているようです。

それにしても、この太古の生き物がこの一帯にのみ生き残れたのは非常に興味深いこと！オオトカゲの仲間は恐竜が生きていた時代から現在まで世界各地に棲息していて、恐竜が絶滅したとされている急激な気候の変動も乗り越えたと考えられています。それが白亜紀の生き残りと言われている所以《ゆえん》です。

コモドオオトカゲはその生息域で自然界の食物連鎖の頂点に君臨《くんりん》していますが、島の周囲の海流が速いことも、コモドオオトカゲの敵となる生物の侵入を防ぐことに役立ったのかもしれません。

人々が暮らす住居は全て高床式。
コモドオオトカゲの侵入を防ぐためだ。

広大な国立公園

コモドオオトカゲの棲息地は「コモド国立公園」としてインドネシア政府によって手厚く管理・保護されています。国立公園に指定されている範囲は、コモド諸島の主要な島であるコモド島、リンチャ島、パダール島の3つとその周辺の島々。さらに珊瑚礁からなる周囲の海域で、総面積は2200㎢と広大！　多様な生き物が棲みつき独自の生態系を築く希少な場所として1991年にはユネスコ世界遺産にも登録されました。そして世界遺産となってからは、世界中に名前が知られるようになり国内外から多くの観光客が訪れるようになりました。

絶滅の危機から救え！

個体数減少の原因は？

現在、IUCNのレッドリストで絶滅が危惧されている生き物は約28000種。その中で爬虫類は約1300種です。レッドリストでは生き物の生存状況に応じて個別にランクがつけられていますが、コモドオオトカゲは野生絶滅の高い危険性がある「危急種（UV）」。その主な原因はコモドオオトカゲのエサとなるティモールジカやイノシシなどの哺乳類が人々の乱獲によって減ってきていることです。近年の調査では野生のコモドオオトカゲの健康状態がいちじるしく悪いことが判明しました。何万年も前から生き延びてきたこの生き物の種を絶やさないために、研究者や自然保護団体の手によってあらゆる努力が続けられています。しかし残念なことに、その一方で無くならないのが珍しい生き物であるコモドオオトカゲを狙った密猟や密輸なのです。

コモド国立公園

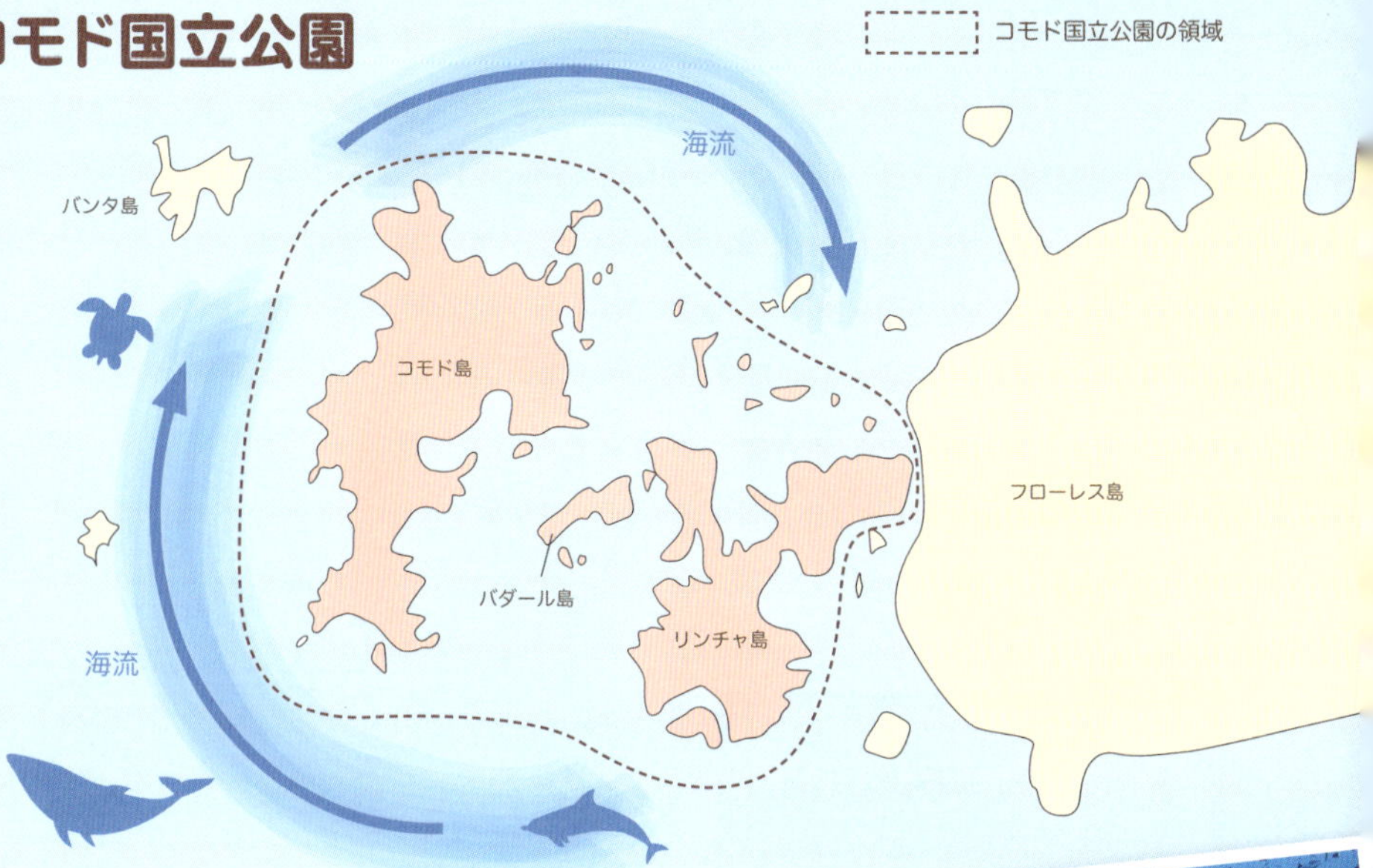

右：海中は魚や珊瑚が織り成す、原色のカラフルな世界が広がる。
左：コモド島の入場ゲート。

コモドオオトカゲも散歩するピンク色のビーチ。

農耕のお手伝いも
お手のもの

危険度 ★★★☆☆

スイギュウ

DATA

学　名	*Bubalus arnee*
分　類	ウシ科アジアスイギュウ属
体　長	2.4～3m
分　布	南アジアやアフリカなど

ウシ科の中でも最大級

人との関りは深く5000年以上も前から家畜として飼われてきた。現地では食用や装飾品として、また運搬手段としても生活に欠かせない生き物だ。野生では数十頭の群れをつくり水辺の草原などの湿地に棲息する。近年はその数が減少中。

ツカツクリ

DATA

学　名	*Megapodius reinwardt*
分　類	ツカツクリ科ツカツクリ属
全　長	40cm前後
分　布	インドネシア、オーストラリア

ヒナを孵《かえ》すのはオス

尖った冠羽《かんう》とオレンジ色の足が特徴。コモドオオトカゲのメスはこの塚に穴を掘って卵を産む。メスが卵を産んだ後はオスが落ち葉や土、木の枝などを上に被せて塚を作り発酵によって卵を温める。塚は最大で5m以上になることも。

危険度 ★☆☆☆☆

ベビーベッドを
つくるのもひと苦労！

おしゃべり
大好き♡
でも日本語は
ムツカシイネ
危険度★☆☆☆☆

コバタン

DATA

学　名：*Cacatua sulphurea*
分　類：オウム科オウム属
全　長：30～34㎝
分　布：インドネシア（小スンダ列島）

頭の羽で感情表現

黄色い冠羽がトレードマーク。林や農耕地を好み木の実や果実を餌とする。人によく懐《なつ》くので世界各地でペットとしても人気。インドネシアの固有種だが既に絶滅した島も。怯えたり好奇心を刺激されたりすると、冠羽を大きく開く。

ティモール島を中心に生息

小スンダ列島の東端にあるティモール島とその周辺の地に棲息する。コモドオオトカゲの主なエサであり絶滅寸前の生物でもある。ティモールジカの絶滅を防ぐことはコモドオオトカゲの絶滅を防ぐことにもつながる。

ティモールジカ

DATA

学　名：*Rusa timorensis*
分　類：シカ科ルサシカ属
体　長：1.6m
分　布：インドネシア
（バリ島～ティモール諸島）

角の形で
オスかメスか
分かるヨ
危険度★★☆☆☆

Reptiles column

爬虫類
豆知識

column 01

生き物の「毒」ってどんなもの？

ブームスラング。毒の治療には同種の毒から得た血清を使う。

まだ未知の毒も多い！

生物が持つ毒には様々な種類があり、中にはまだ正確な作用について解明されていないものもある。今もなお毒に関する新しい発見は相次《あいつ》ぎ、その種類は主に神経系に作用する「神経毒」と組織や細胞を壊死《えし》させる「壊死毒」、血液に反応を起こす「出血毒」と呼ばれるものなどがある。そして、毒ヘビの中にはいくつかの種類の毒をブレンドして持つものもいる。

シカゴ出身の爬虫類学者カール・P・シュミット氏は、ブームスラングという毒ヘビに咬まれて死亡した研究者として知られているが、彼の日記には毒が身体を蝕《むしば》んでいく生々しい記録が残されている。ブームスラングが持つ毒はコモドオオトカゲと同じヘモトキシンを含む出血毒だ。手の指をわずかに咬まれた程度だったが、その数時間後には全身の震えや高熱、歯茎からの出血を確認し、翌日には緊急搬送された病院で亡くなっている。死亡解剖では体内のあらゆる臓器から出血が見られたという。

毒ヘビに咬まれて人が死亡する事故は、世界中で年間推定10万件にものぼる。

2章

ボルネオ島

インドネシア・マレーシア・ブルネイ

ボルネオ
とある森の入口
キョロ
キョロ
ガイドとの
待ち合わせ場所は
ここで合ってるのか？
おーい
こっち
こっち
ヌッ
カトー
こんばんは！
びくっ
ぴゃっ
うおっ
よろしく
よろしく
お願いいたします
それでね
さっそく
なんですけど
この一帯が
森林伐採の原因で
生態系に大きな
影響が出ているそうで
調査しに来た……
うん
うん
うん

あ〜
はいはい
ぐぃ
ぐぃ
サクッ
サクッ
しーっ
ほれ
奥にある小屋が
密猟者のアジト
ああやって森林を伐採して
そこから逃げてきた
動物を捕まえるんじゃよ
ほんでアイツら
銃も持ってる
噂もあるんじゃあ
目立つと
厄介じゃから
コソッ
ライトは消して
行こう
今日は月夜
だしのぅ

サク
サク
さっきと違って
森の中には
生き物がいるよ
ほら！
あそこの木影から
ジャコウネコのペアが
こっちを覗いてるよ
夜行性で
雑食だけど
コーヒーの実も食べるんだ
ぴかーーー！
ふるふる
ピタッ
くんっ

くん
くん
くん
ひく
すっぱい匂いがする
ボソッ
ポー
私だけの感覚かもしれないけど
ヘビはすっぱい匂いがするんだ
グフフ
?
ハッ

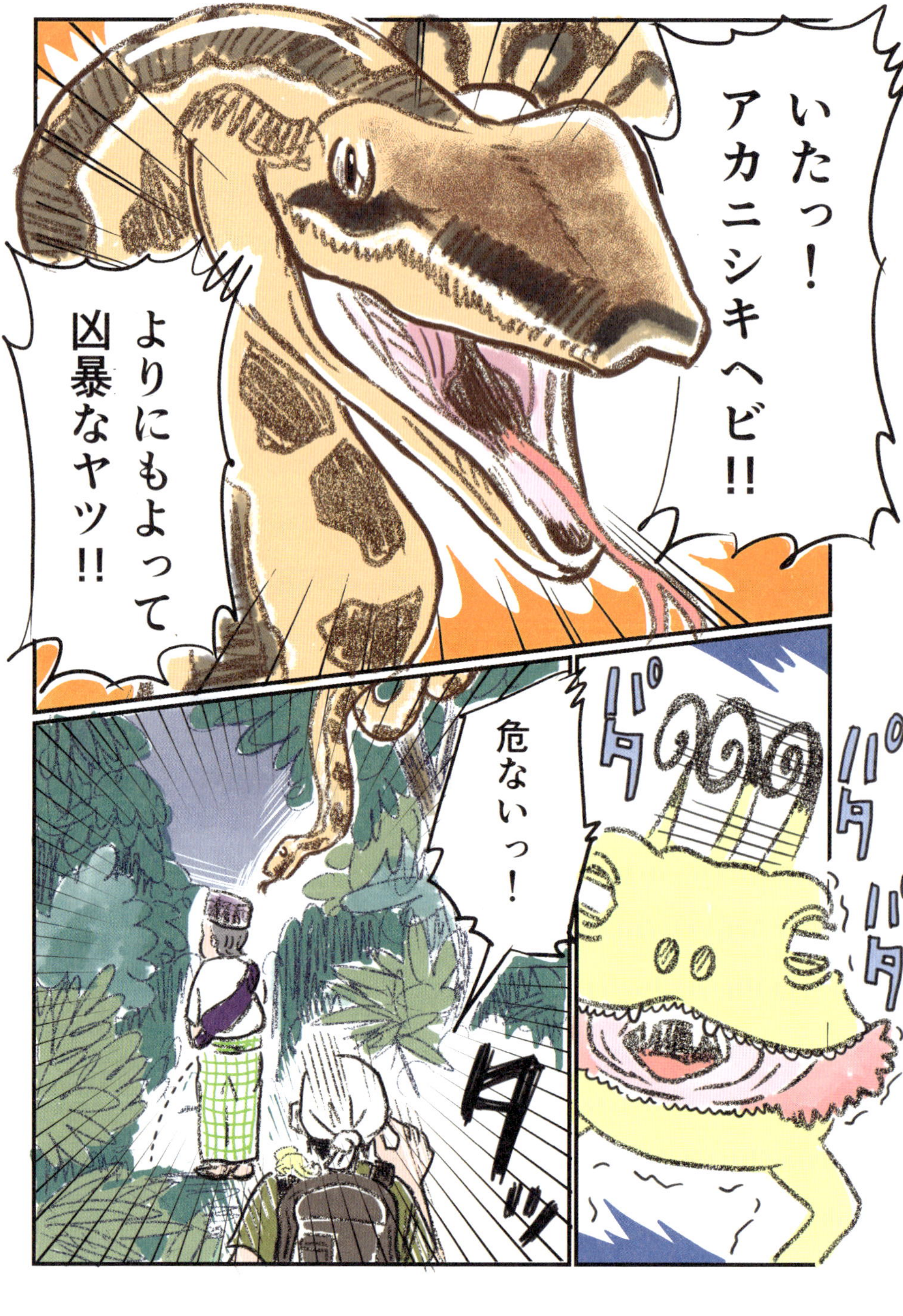
いたっ！アカニシキヘビ!!
よりにもよって凶暴なヤツ!!
危ないっ！
ダッ
パタパタパタ

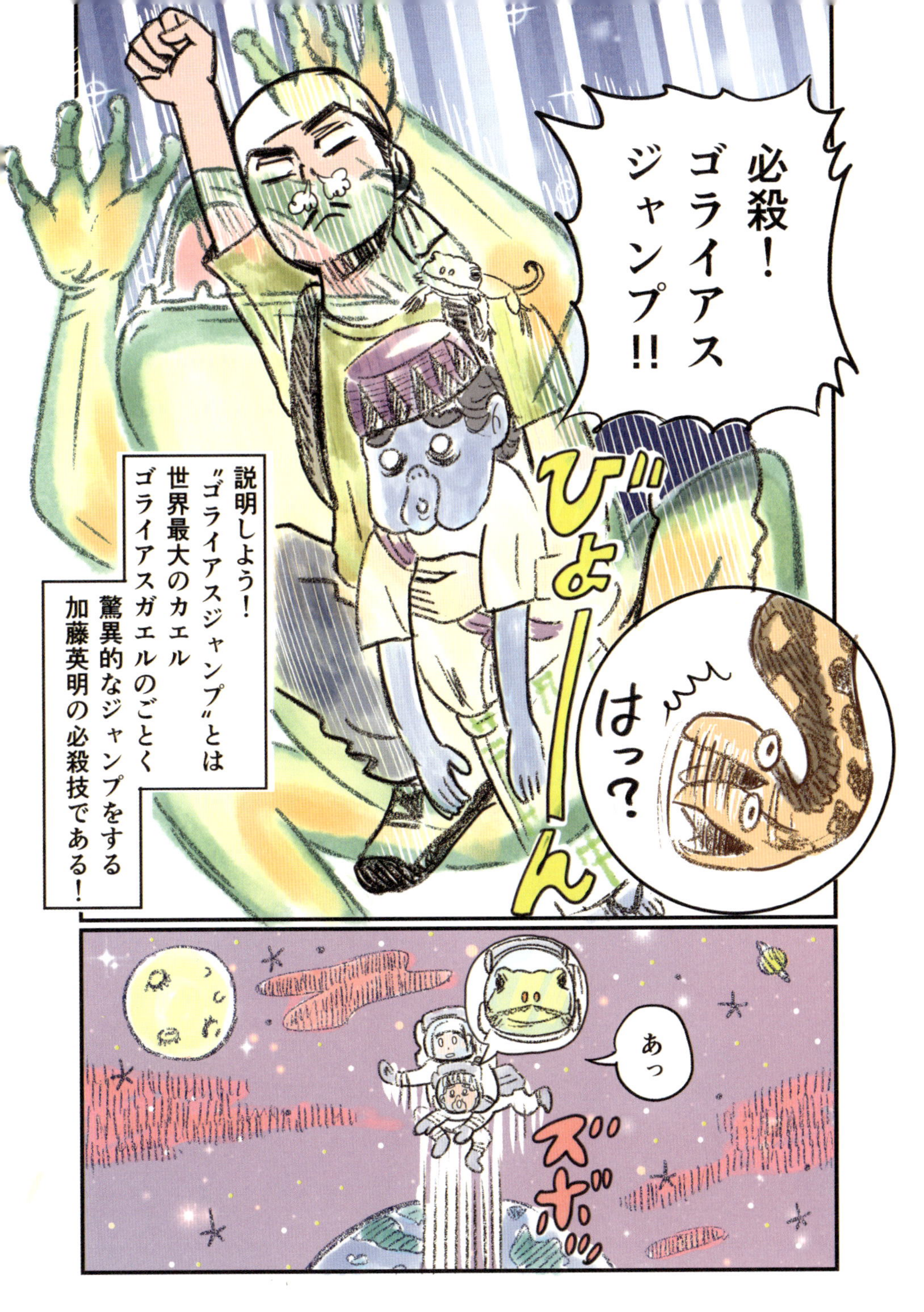

必殺！
ゴライアス
ジャンプ!!
説明しよう！
〝ゴライアスジャンプ〟とは
世界最大のカエル
ゴライアスガエルのごとく
驚異的なジャンプをする
加藤英明の必殺技である！
びょーーん
はっ？
あっ
ズボボッ

ガザザザザザ
あーっ！飛びすぎた!!
ガザザ
スタッ
大丈夫ですか!?
はっ？う、うん大丈夫…
あ、あの蛇は村の守り神だから密猟者に捕まってなくて良かった……
……
あのね腰抜けた

いやはや カトーと 一緒でなかったら どうなってたことか…
なにかお礼 したいのう…
ゴン
ゴン
ほい 干し首
コロン
わしら 昔は〝首狩り族〟 だったのよ
ヒイイーッ
あ、それ みやげ用 レプリカだから 大丈夫よ
よかった!

ボルネオアカニシキヘビ

爬虫類図鑑

DATA

学　名：*Python breitensteini*
分　類：ニシキヘビ科ニシキヘビ属
全　長：最大2m
分　布：タイ南部からマレー半島、スマトラ、ボルネオ

危険度★★★★☆

メスは8cmほどの卵を8～15個ほど産み、卵が転がらないようにくっついて塊状《かいじょう》になるといわれる。

薮《やぶ》の中で獲物が近づくのを待ち伏せる

毒がない分、胴体の筋肉が発達。エサになる小動物を締め上げて食べる。

赤外線感知器官でもある「ピット器官」で夜間でも獲物の存在を感知して襲う。

卵は30°Cくらいに温める。

薮《やぶ》の中から突然現れる！ 尾が短い獰猛《どうもう》な大ヘビ

胴体が太く尾が短いので、英語名の「short-tailed」（短い尾）の由来になっている。夜行性で池や沼あるいは水田などに棲息し、水にもよく潜る。

ときには木上に潜むこともある神出鬼没《しんしゅつきぼつ》なヘビだ。おもにネズミやウサギなどの小型哺乳類を捕食。獲物に巻きついてから強い力で締めつけ丸呑みする。

最近、締めつけるのは獲物を窒息させるのではなく、心臓を止めるためだとわかった。窒息よりもわずか数秒で仕留めることができるので効率がいいのである。

棲息地では食用として食べられることも。皮は革製品として利用されている。

メスは体を震わせ卵を温める

生後、3年ほどで成熟し、1月から3月の間に交尾を行い3カ月後くらいに産卵する。メスは卵の周りにとぐろを巻いて卵を保護。このときメスは体を痙攣《けいれん》させ、体温を上昇させて卵を保温する。卵は約60日から70日で孵化し40㎝ほどの幼蛇が産まれる。また、ボルネオアカニシキヘビは長い間、東南アジアに広く分布するスマトラアカニシキヘビと同種と考えられてきたが、現在はＤＮＡによる研究からボルネオ固有種に位置づけられている。

トゲヤマガメ

DATA

学　名：*Heosemys spinosa*
分　類：イシガメ科オオヤマガメ属
甲　長：最大甲長 22.5cm
分　布：インドネシア（スマトラ島、ボルネオ島）、タイ南部など

甲羅の周囲にトゲのような突起が並ぶ姿が「手裏剣《しゅりけん》」に似ているといわれるトゲヤマガメ。トゲは外敵に食べられにくくするためのもの。成長するにつれてトゲはなくなり、甲羅の色彩は暗くなっていく。腹には美しい放射状の模様があるのも特徴だ。丘陵《きゅうりょう》や低山地の渓流《けいりゅう》や沼地、湿原《しつげん》の周辺に棲息し、日中は落ち葉などに潜って過ごしている。近年、島の森林開発や乱獲などによって棲息数が減少。絶滅の恐れがあるとして「ワシントン条約附属書II」に指定され、ペット用など商業目的の輸出が厳しく制限されている。

甲羅のトゲトゲが手裏剣《しゅりけん》みたい

甲羅の中央に並ぶウロコ板には筋状の盛り上がりがあるが、成長すると不明瞭《ふめいりょう》に。

危険度 ★★☆☆☆

首を伸ばし過ぎるとトゲに刺さっちゃう

ミズオオトカゲ

DATA

学　名：*Varanus salvator*
分　類：オオトカゲ科オオトカゲ属
全　長：最大 2.5m
分　布：インドネシア、マレーシアなど東南アジア

咬みつけば大ケガする

鋭い爪で獲物を捕らえて離さない。ときには人間の残飯を食べることも。

危険度 ★★★★☆

森のお掃除屋さん

原生林やマングローブ林の近くの水辺に棲息することから泳ぎや潜水が得意。食性は動物食で、げっ歯類などの哺乳類、爬虫類、カエル、魚類、動物の死骸などを食べる。非常に頭が良く数匹で連携してワニをおびき寄せ、隙を見てワニの卵を奪うことも。繁殖は地中やシロアリの蟻塚《ありづか》などに1回で約15個の卵を産む。

口内にある細菌により咬まれると腫れる。革製品にされたり、地域によっては薬用や、まじないに利用されることも。東南アジアに広く棲息しているが、ボルネオ島では年々、棲息数が減少している。

トビトカゲ

DATA

学　名：*Draco volans*
分　類：アガマ科トビトカゲ属
全　長：20 ～ 25cm
分　布：インド南部、インドネシア、カンボジアなど

脱皮中
なんだ～
失礼！

左右に5～7本ずつ肋骨が伸長し、その間に扇状の皮膜がある。

危険度 ★☆☆☆☆

木から木へ滑空《かっくう》する小さなリュウ

四肢《しし》の間に発達した皮膜があり、これを広げることによって木から木へと飛び移ることができる。皮膜は長く伸びた肋骨に支えられていて、普段は傘のように折りたたまれている。滑空距離は5mから10mほど。しっぽが全長の3分の1ほどを占める理由は、木の上で生活をするうえで、細い木の枝を歩くときや、滑空の際にバランスをとるため。

食性は動物食でエサになるアリなどの昆虫を求めて木から木へ飛び回る。

オスは三角形に伸長するのどの皮膚（咽喉垂《いんこうすい》）を、皮膜と一緒に広げて、メスにアピールする。卵は地中に産む。

頭部のオレンジ色は
成長すると消えるんだ

危険度 ★★☆☆☆

デュメリルオオトカゲ

木の上　水の中　自由自在

山林や海岸線のマングローブまで広く棲息し、木の上で日光浴をする。爪を使って木に登り、外敵に襲われると水に飛び込んで逃げる。昆虫類、カニ、魚類、カエル、爬虫類やその卵、ネズミなどを捕食。棲息地では食用になることも。

DATA

学　名	*Varanus dumerilii*
分　類	オオトカゲ科オオトカゲ属
全　長	1.3m 前後、最大 1.5m
分　布	インドネシア、タイ南部、マレーシア

ムツイタガメ

甲板《こうばん》が6つの異端児

通常のカメが5枚しか持っていない椎甲板《ついこうばん》が6枚あることが名前の由来。幼体は黄色やオレンジの鮮やかな色だが、成長すると褐色に。山間部の川に棲息し、水草や果実を食べる。乱獲などで「ワシントン条約附属書Ⅱ」類に掲載されている。

DATA

学　名	*Notochelys platynota*
分　類	イシガメ科ムツイタガメ属
甲　長	最大甲長 32cm
分　布	タイ、マレーシア、インドネシア

危険度 ★☆☆☆☆

若い頃は
水辺に棲むけど、
大人になったら
陸に引っ越し

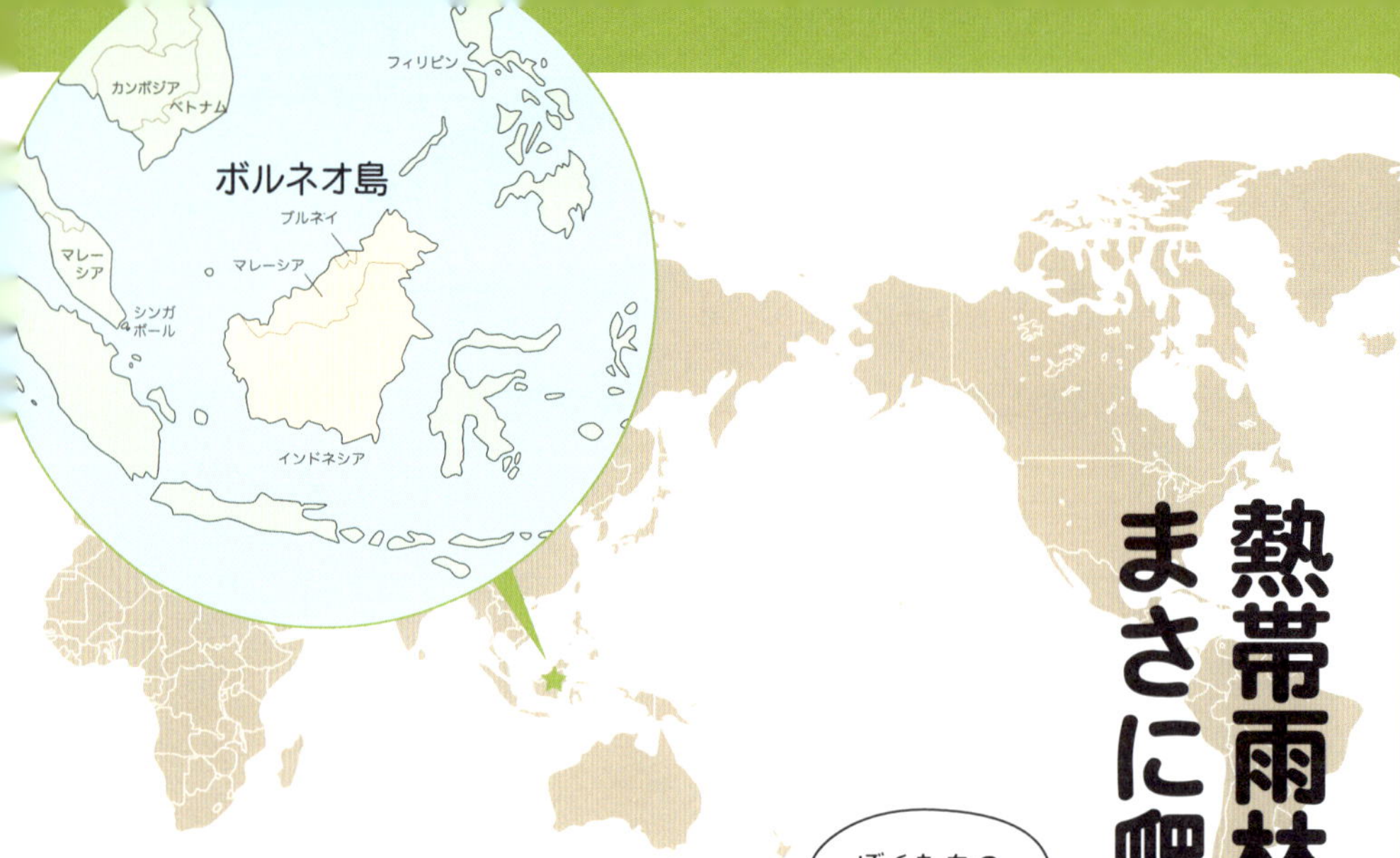

面積：743,330 km²
人口：約 18,590,000 人
言語：インドネシア語、マレー語
気候：熱帯雨林

熱帯雨林に囲まれた環境はまさに爬虫類の楽園

先住民と精霊《せいれい》に守られた森

260種の爬虫類が棲息

熱帯雨林に覆われた赤道直下のボルネオ島は世界で3番目に大きな島。ここには260種類以上の爬虫類と両生類、200種類以上の哺乳類、600種類を超える鳥類のほか、新種が続々と発見される昆虫類など多種多様な生物が棲息しています。とくに爬虫類にとって年間を通じて温暖多湿《おんだんたしつ》で、湿地や河川の多いボルネオ島は、まさに楽園なのです。

Eriz images/Shutterstock.com

上：首狩りを禁止したマレーシア政府は結婚式で使う頭蓋骨をレンタルしたこともあるそうだ。
右：女性は耳たぶが長ければ長いほど美人といわれている。

先住民・首狩り族の歴史

ボルネオ島は爬虫類の楽園であると同時に、先住民である首狩り族が森の生き物と共存してきた歴史があります。数多くの先住民の中でも、最強の首狩り族として恐れられていたのがイバン族です。敵対する村の人間と戦って、その頭部を持ち帰ることが勇者の証でした。昔は討ち取った首を花嫁に捧げることで一人前の男とみなされた、と言います。

頭部には精霊が宿ると考えられていたため、魔除けや、豊穣《ほうじょう》のシンボルとして飾られています。

精霊を宿すアニミズム

原住民にはアニミズム（すべてのものに霊魂が宿るという考え方）がありました。たとえば、ウンピョウの毛皮を着ると姿を消すことができる、マレーグマを殺せばクマのような強い力が手に入る、と信じられていたのです。アニミズムは他界観《たかいかん》にまで広がり「死後、数日の間に霊が乗り移った動物が村にあらわれる」というお告げも……。それは裏返せば、生き物を神聖化している証。ボルネオの森は、生き物を敬いながら暮らしている原住民たちに、長い時代、守られてきたのです。

新種発見《しんしゅはっけん》！変色するヘビ 肺なしカエル

摩訶不思議《まかふしぎ》な新種が94種類も発見される

多種多様な野生生物が棲息するボルネオ島は近年、カエル5種、ヘビ3種、トカゲ2種、植物67種、魚類17種が新種として発見されています。たとえば、カメレオンのように体色を変化させる毒ヘビ（和名：カプアスミズヘビ）や、体長4㎝から5㎝で高い鳴き声を発する茶色のカエル、肺を持たず皮膚で呼吸しているカエル、緑と黄色の体をした体長4㎝のナメクジ、新種のウデムシ、哺乳類では新種のスローロリスが発見され、世界中で話題となりました。

動物生態学者たちがこぞってボルネオ島へ行くのは、「我こそは新種発見者だ！」と、名乗りたくなるワクワクした探究心を掻きたてるのかもしれませんね。

左：胴体の3倍の長さの尾をもつ新種のナメクジ（学名：*Ibycus rachelae*）。「恋矢《れんし》」と呼ばれる突起物を伸ばして交尾相手に突きさし、ホルモンを注入する。

右：アジア最小級のボルネオヒメアマガエル（学名：*Microhyla borneensis*）は、体長10～13mmしかなく、親は、食虫植物のウツボカズラの「捕虫《ほちゅう》のう」の中に卵を産みつけ、オタマジャクシは成体になるまでその中で育つ。

ボルネオが「地球の肺」と呼ばれる理由

ボルネオ島の森林は、大気中の炭素を除去し、二酸化炭素を吸収するその能力から「地球の肺」と呼ばれています。森林は光合成によって、二酸化炭素を吸収して酸素を作り、気温の上昇を防ぐ働きがあります。ボルネオにはこれまで手つかずの森林が多くあったため、「地球の肺」として地球温暖化防止の役割を担ってきたのです。

左下：赤いゾーンが「ボルネオの心臓」と呼ばれる熱帯雨林。
右下：1985年から20年後の2005年には森林は減少している。

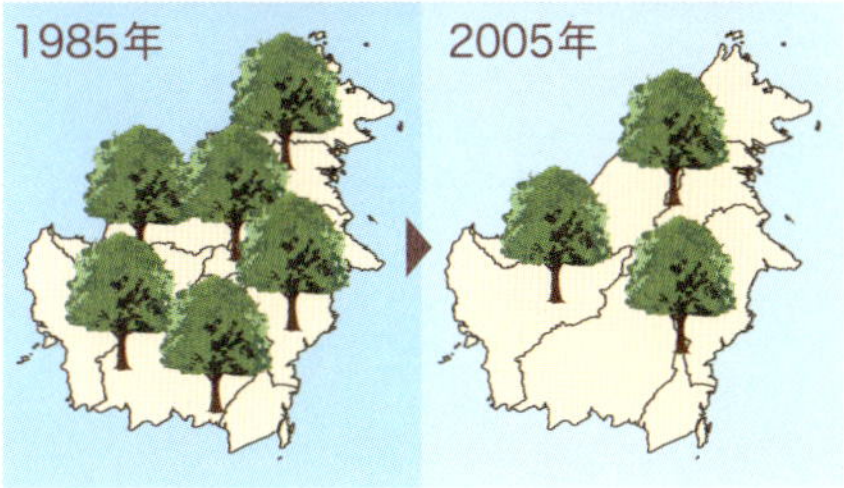

「ハート・オブ・ボルネオ」とは？

ボルネオ島中央部で熱帯林を中心とした22万㎢の地域は「ボルネオの心臓」と呼ばれています。しかし、現在までに島の森は50％まで減少し、今もその勢いは衰えません。この問題を解決するために、インドネシア、マレーシア、ブルネイの政府は、※WWF（世界自然保護基金）の働きかけのもと、2007年、「ハート・オブ・ボルネオ」宣言を発表。豊かなボルネオの森の恵みと生物多様性を守るため、国境を越えて取り組むことを約束したのです。

※ WWF…環境保護団体「世界自然保護基金」

森林伐採した木材は日本に輸出されることも。

焼畑《やきはた》のため森が消滅!?

森林破壊でボルネオの自然が危ない!

ボルネオ島は1980年代半ばまで、面積の75%が豊かな熱帯林に覆われていましたが、現在、ボルネオの森は大規模な森林伐採や焼き畑から飛び火した火災により、どんどん失われています。その原因は日本人の私たちの生活に欠かせない「パーム油」の原料である油やしのプランテーションを作るため。農園を作るには森を伐採し、火つけをして焼き畑を行ないます。用地を作るための火つけは、ときに周りの森へと飛び火し、大規模な火災になることも。また、日本のパーム油の輸入先の9割がマレーシアと言われています。森林伐採した木材も日本へ輸出されます。森林破壊の原因の一端が、私たちにもあるという事実はぜひ再認識したいところでしょう。

森を作り、森を守る役目を担うオウンウータンを絶滅から守れ！

世界のパーム油生産の８割以上はマレーシアとインドネシアで行われている。

森の破壊や密猟から「森の番人」を守れ

森の消失は多くの生き物たちに影響を与えますが、なかでも深刻なのが絶滅危惧種でもあるオランウータンの生存数の減少です。「森の番人」とも呼ばれ、一生のほとんどを熱帯林の木の上で過ごします。木の実や、木の皮などを主食とするため、彼らは豊かな森がないと生存できません。また彼らの糞には植物の種子が混ざっているので、植物の種子を蒔く役割を担っています。まさに〝森を作る人々〟であり、オランウータンの生存数は熱帯雨林の健全さを表すバロメーターといえます。

さらに、ペットとして販売するために、オランウータンの母親だけが殺され子どもが捕獲される密猟問題も深刻です。オランウータンの子育て期間は6年から8年と長く、さらに生涯のうちに数頭しか子どもを産みません。そのためオランウータンの子どもが密猟されてしまうのは、絶滅の原因のひとつになっています。

ふだんはペアで
行動することが
多いんだ

危険度 ★★★★★

糞から世界一高いコーヒーが

夜行性で食べ物は昆虫、鳥類、小型哺乳類、果実など。おしりの周辺にある臭腺から分泌される液は、香水の補強剤に利用されている。高級コーヒー「コピ・ルアク」は、ジャコウネコにコーヒーの実を食べさせ、排泄物の中から未消化の実を利用したものである。

ジャコウネコ

DATA

学　名：*Paredoxurinae hermaphrodtus*
分　類：ジャコウネコ科
パームシベット亜科
全　長：45 ～ 66cm
分　布：インドネシア、スリランカ、
アフリカなど

危険度 ★★★★★

牛のように反芻《はんすう》行動をする

オスのみの垂れ下がった鼻は
大きいほどメスにモテる！

ボルネオ島の密林にのみ棲息する絶滅危惧種。普段は樹上生活だが、川で泳ぐことも。葉を消化するため胃や腸が大きくお腹が出ている。霊長類《れいちょうるい》の中でテングザルだけが、食べたものを口の中に吐き戻して食べる「反芻《はんすう》行動」をする。

テングザル

DATA

学　名：*Nasalis larvatus*
分　類：オナガザル科テングザル属
全　長：61 ～ 67cm
分　布：インドネシア（ボルネオ島）

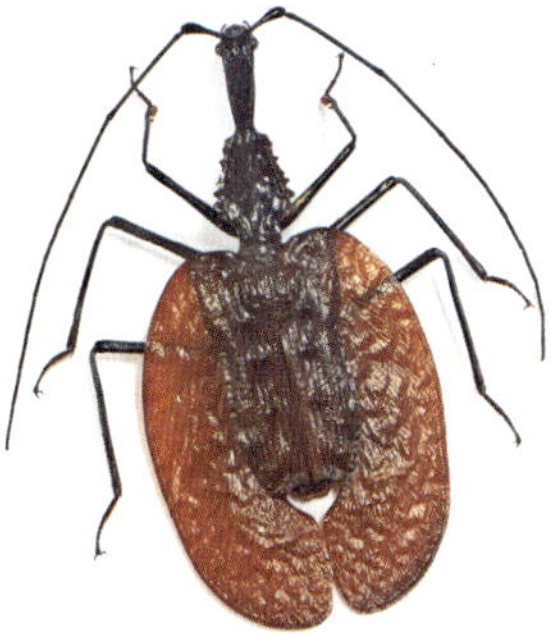

おしりから毒ガスを
噴射するよ！

危険度 ★★★☆☆

バイオリンムシ

DATA

学　名	*Mormolyce phyllodes*
分　類	オサムシ科バイオリンムシ属
全　長	10cm
分　布	インドネシア、マレーシア

体は大きめでも団扇《うちわ》のように薄い

大型の甲虫《こうちゅう》だが体の厚さは5㎜ほどで木の隙間に隠れることができる。名前の由来は外見がバイオリンに似ていることから。成虫、幼虫共に熱帯雨林に生えるサルノコシカケに穴を開けて食べて潜み、そこにやってくる虫も捕食している。

ボルネオゾウ

DATA

学　名	*Elephas maximus borneensis*
分　類	ゾウ科アジアゾウ属
全　長	5.5m
分　布	インドネシア（ボルネオ島）

レッドリストの世界最小のゾウ

体が小さく、鼻が短くしっぽが長い、丸っこい体つきに牙がまっすぐという特徴がある。背中までは最大でも2.5ｍほどの高さ。２０１２年の調査では個体数は推定で30頭から80頭ほど。レッドリストに登録されている絶滅危惧種だ。

危険度 ★★★★☆

妊娠期間は19カ月〜21カ月
出産までの日数が長い分、
繁殖が難しいと言われてるの

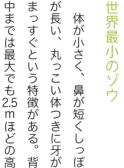

Reptiles column

爬虫類豆知識

column 02

まだまだいる！新種の爬虫類・両生類

マダガスカルで見つかった新種のカメレオンがブロケシア・ミクラ。平均体長は2.9㎝で、世界最小の爬虫類だ。

文明の進化が新種発見に貢献

新種の動植物は、ここ10年でも20万種が発見されている。それはなぜか？　理由は文明の進歩にある。インターネットの進歩により、GoogleEarthなどの人工衛星画像で人が立ち入れないようなジャングルの奥地などを見られることになったこと。新種がいそうな場所を絞りこめるようになったことは大きい。また、光も届かない超深海ゾーンにまで潜ることができる潜水調査船ができたことで、未知の深海生物を発見できるようにもなった。

最近、見つかったものでは、中央アフリカの洞窟の中で発見されたオレンジ色のコビトワニ。DNA鑑定により独特の環境に適応するために独自の新種として進化の途上であるとわかった。

インドの山脈地帯では、鼻の形がブタにそっくりなカエルが新種として発見。普段は地中で生活するため、見つけるのは非常に困難だ。これらの生物は、実際に発見されてから研究者が過去の文献と照らし合わせ、さらにDNAを比較するなどして記載される。今後も驚くような新種発見を期待したい。

3章

ガラパゴス諸島

エクアドル

エクアドル
ガラパゴス諸島
ふる
ふる
はい
ぴゃーっ
みんな
何もしないから
大丈夫
アハハ
ここは大陸と陸続きに
なったことがない
ガラパゴス諸島
ほっ
ササササッ
だから独自の進化を
遂げている動物が
たくさんいるんだ
アメリカ
グンカンドリ
ガラパゴス
ゾウガメ
アオアシ
カツオドリ

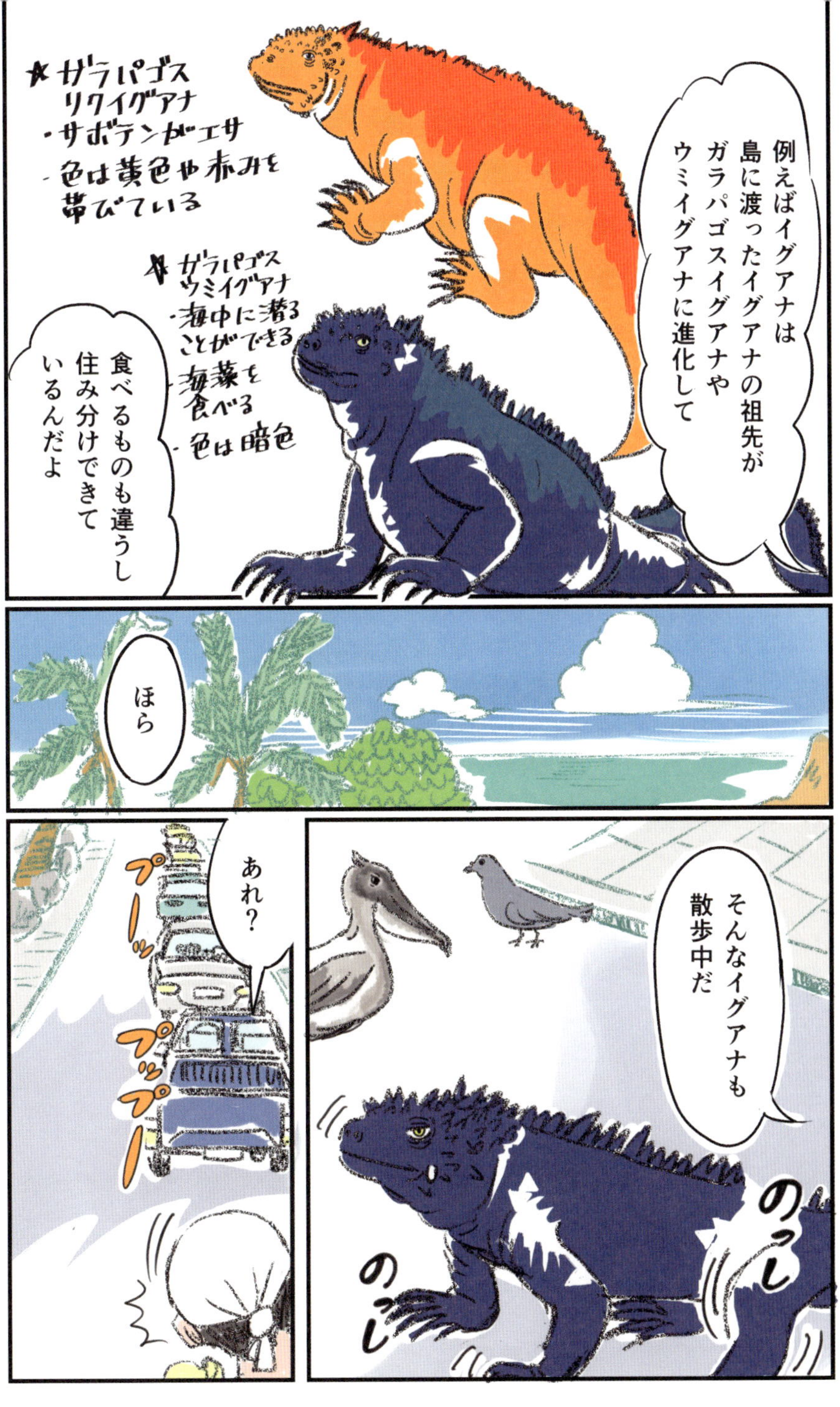
例えばイグアナは
島に渡ったイグアナの祖先が
ガラパゴスイグアナや
ウミイグアナに進化して
★ガラパゴス
リクイグアナ
・サボテンがエサ
・色は黄色や赤みを
帯びている
★ガラパゴス
ウミイグアナ
・海中に潜る
ことができる
・海藻を
食べる
・色は暗色
食べるものも違うし
住み分けできて
いるんだよ
ほら
そんなイグアナも
散歩中だ
のっし
のっし
あれ？
プーッ
プップー

渋滞なんて
珍しいな…
ププププ
はっ
!!
キーーッ!
どーんっ!!

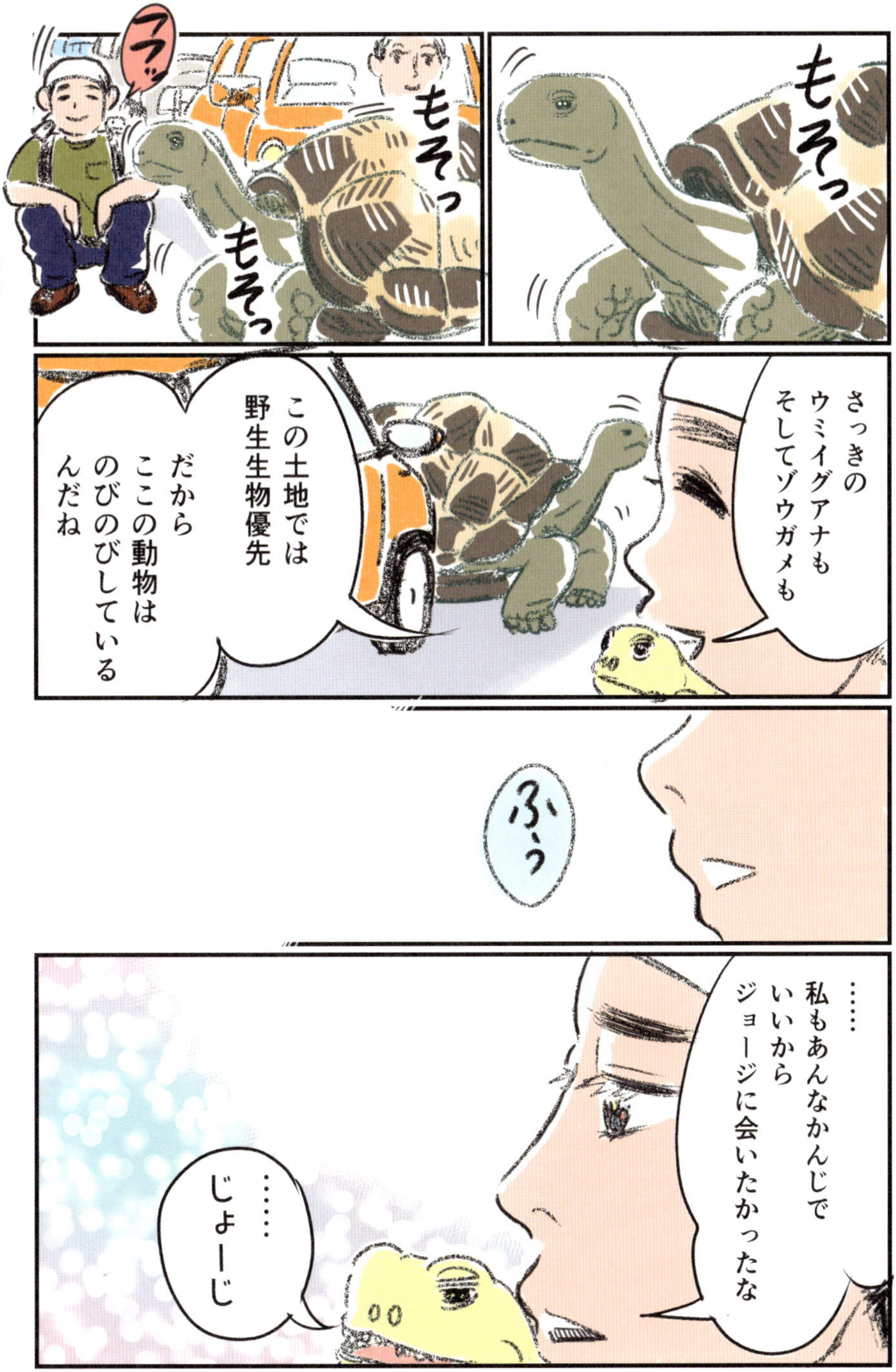
もそっ
フフッ
もそっ
もそっ
さっきのウミイグアナもそしてゾウガメも
この土地では野生生物優先
だからここの動物はのびのびしているんだね
ふぅ
……私もあんなかんじでいいからジョージに会いたかったな
……じょーじ

ガラパゴス
サンタクルス島
じょーじ?
ん?あぁ…これは
ガラパゴスゾウガメの
うんちだね
ザク
ザク
湿っていて
まだあたたかいから
近くにいるかも
しれないぞ
ムッ

こんもり
草の中に寝床を発見!
バッ
むっ?
シュッ
いたっ!!
ドーム型
草がたくさん生えている島にいるタイプ
この甲羅《こうら》の形は"ドーム型"といわれていてね ガラパゴスゾウガメは棲んでいる島によって甲羅の形が違うんだ

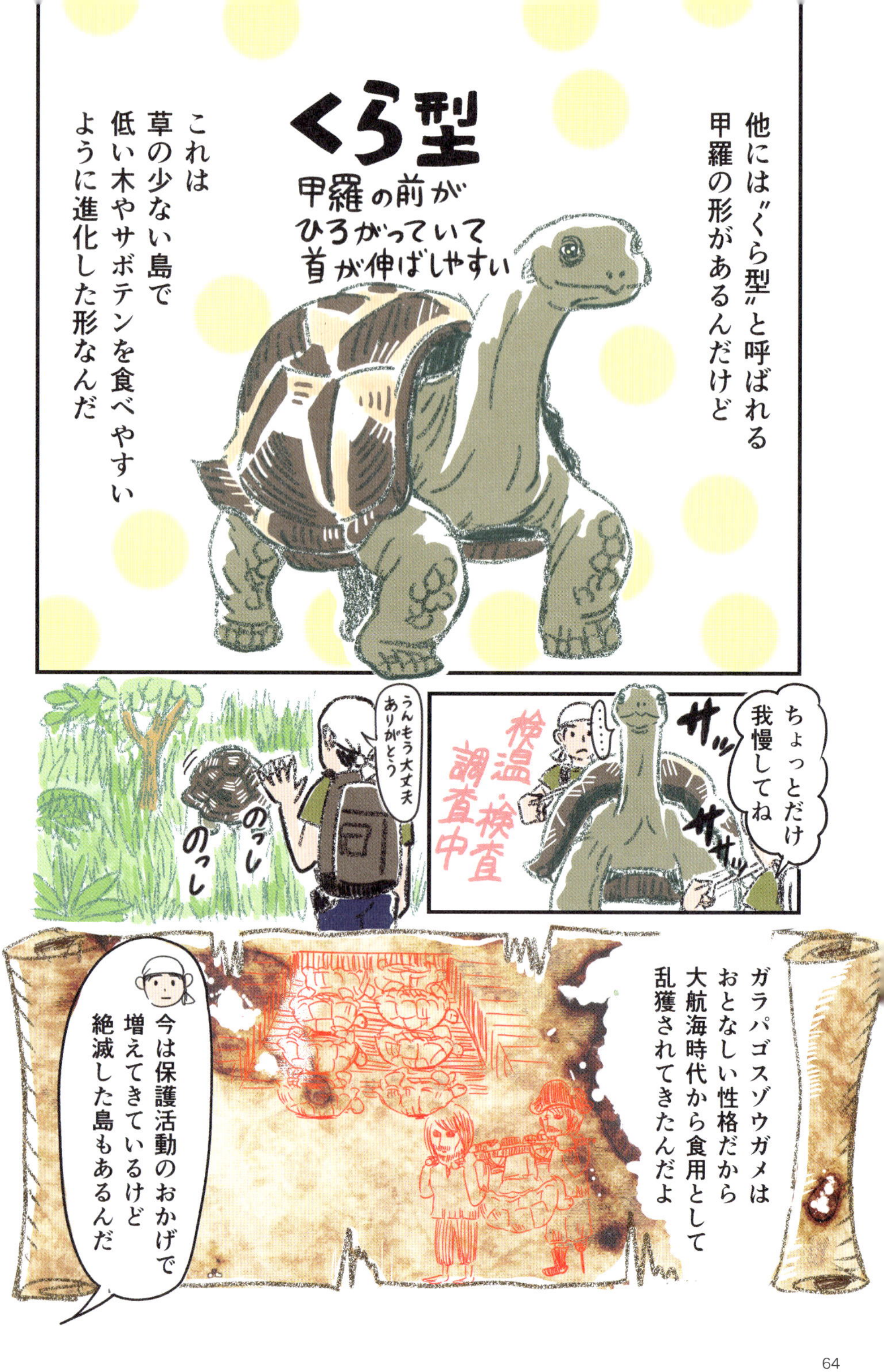
他には〝くら型〟と呼ばれる甲羅の形があるんだけど
くら型
甲羅の前がひろがっていて首が伸ばしやすい
これは草の少ない島で低い木やサボテンを食べやすいように進化した形なんだ
ちょっとだけ我慢してね
サッ
ササッ
検温・検査
調査中
…
うんもう大丈夫ありがとう
のっし
のっし
ガラパゴスゾウガメはおとなしい性格だから大航海時代から食用として乱獲されてきたんだよ
今は保護活動のおかげで増えてきているけど絶滅した島もあるんだ

ジョージというのはね
ピンタ島で最後に
見つかった
ガラパゴスゾウガメで
2017年に
死んでしまって
島に仲間はもう
いないんだ
ボッ
くるっ
でも最近
絶滅したと思われていた
フェルナンデス島で
ゾウガメが
見つかったんだよ!!
グっっ
っっしゃあああ!
幻のゾウガメ
求めて
ポキ
ポキ
うひょー
出発だっ!!

ガラパゴスゾウガメ

DATA

学　名：*Chelonoidis nigra*
分　類：リクガメ科ナンベイリクガメ属
甲　長：1～1.3m
分　布：ガラパゴス諸島

危険度 ★★☆☆☆

の～んびり
生きてます

エサはサボテンや草などの植物。甲羅の中に水分を大量に蓄えており、何も食べずとも1年は生き延びられる。

声帯は持たないが繁殖期には唸《うな》るような音を出せる。

ガラパゴス諸島で最も知られている爬虫類といえばゾウガメ。「ガラパゴ」とはスペイン語で「カメ」を意味し、この地域の名前にまでなっている代表的な爬虫類だ。

ゾウガメは脊椎《せきつい》動物で一番長生きすることで知られていて確認されている中では170年以上生きたものもいる。

朝は太陽が昇ると日向ぼっこから1日をスタートさせ、活動時間は1日のうち8時間から9時間のみ。残りはたっぷりと睡眠に費やす。卵や幼体のうちは捕食されることもあるが、成体になれば天敵がいないので警戒心は薄い。

リクガメ最大級の生きた化石

歩行の速度は時速0.3kmくらい、体重は250kgを超えるものもいる。

火山に棲む島の主

上：人に警戒心を持たないので手で与えたスイカもモリモリ食べる！
下：大きな甲羅を持ち上げる四肢は太く、皮膚は厚い。

諸島最大のイザベラ島には15種類中5種類のゾウガメが棲息している。

島ごとに形態が違う

ガラパゴス諸島は19の主要な島々からなる。そこに棲むゾウガメはひと括《くく》りにガラパゴスゾウガメと呼ばれるが、じつは、棲息する島によって甲羅の形や体の特徴には大きな違いが見られる。

例えば、火山活動が活発で地面に植物が育ちにくい環境だったエスパニョーラ島のゾウガメはキリンのように首が長いのだが、これは枝を伸ばした植物や高いところに生えた植物を食べられるように進化したためだ。甲羅の形も首を上に伸ばしやすいように頭に近い首元の部分が

ゾウガメとウチワサボテンの生存競争

環境に合わせて進化するのは爬虫類だけではない。首の長いゾウガメがいる島では、エサであるウチワサボテンが縦長に成長する特徴が見られる。低い位置に枝を広げるとゾウガメに食べ尽くされてしまうからだ。ゾウガメとウチワサボテンの静かなる生存競争は今も繰り広げられている。

鼻先に止まる小鳥は古くなった皮膚や寄生虫を食べる。

ゾウガメの巣。夜は巣に帰り平安なひとときを過ごす。

ゾウガメの水浴び。体温を下げたり体についたダニや汚れを洗い流したりしている。

大きく隆起《りゅうき》し、乗馬に用いる鞍《くら》のような形になっている。

一方、降水量が比較的多く、エサとなる植物が地面にたくさん生えているサンタクルス島のゾウガメは、エサを食べるために首を伸ばす必要がないので首は短め。甲羅も低めのドーム型という特徴がある。

15分の3は絶滅

近年、ガラパゴスゾウガメはDNA解析や形態の違いによって異なる15種に分けられるようになった。しかし、その中の3種は、残念ながら既に絶滅してしまったと考えられている。

ヨウガントカゲ

危険度 ★☆☆☆☆

世渡り上手と
言ってくれ

DATA

学　名：*Microlophus albemalensis*
分　類：ヨウガントカゲ科
全　長：15～28cm
分　布：ガラパゴス諸島全域

食事は「お掃除」を兼ねる

　ガラパゴス諸島ではあちこちで見かけるトカゲ。アシカなど他の生き物の体をチョロチョロ這って、寄りつく小さな虫を食べるお掃除役。体色は火山地帯では黒っぽく、砂地では明るくなる傾向があり、繁殖期には真っ赤に染まる種類もいる。

ガラパゴスリクイグアナ

強面《こわもて》も進化の賜物《たまもの》!?

　エサは主にサボテン。ときにカニなどの甲殻《こうかく》類や昆虫も食べる。サボテンをトゲごとバリバリ食べる姿はまさに珍獣！　オスはテリトリーを持ち侵略者と争うこともあるが、そこまで行動的でもなく岩場で何時間もぼーっとして過ごす。

今日1日
エサしか食べて
ないわー

危険度 ★☆☆☆☆

DATA

学　名：*Conolophus subcristatus*
種　類：イグアナ科リクイグアナ属
全　長：1～1.2m
分　布：ガラパゴス諸島

しきたりに縛られず
自由に生きる！

危険度 ★☆☆☆☆

ハイブリッドイグアナ

温暖化で誕生した生物!?

2000年以降にサウスプラザ島で発見されたリクイグアナとウミイグアナの雑種。ウミイグアナのような鋭い爪を持ちながらリクイグアナのようにサボテンも食べ、海と陸を自由に行き来することができる。しかし、繁殖能力はない。

DATA

学　名：なし
分　類：イグアナ科
全　長：1m前後
分　布：ガラパゴス諸島
サウスプラザ島

ガラパゴスウミイグアナ

危険度 ★☆☆☆☆

こう見えて
草食系です

イグアナで唯一海に潜る

おとなしい性格で海藻をエサとする。海中に20分ほど潜水でき、体に溜まった塩分を鼻の穴から噴射するという特殊機能を持つ。繁殖期は体色が赤や緑に変化する。エルニーニョ現象によるエサ不足で数が減少することも。

DATA

学　名：*Amblyrhynchus cristatus*
分　類：イグアナ科ウミイグアナ属
全　長：1.2～1.5m
分　布：ガラパコス諸島

アシカがベンチで昼寝⁉
世界遺産の国でゾウガメウォッチ

面積：8,010 km²
人口：約 25,000 人
言語：スペイン語、英語
気候：亜熱帯

ガラパゴスの進化って？

爬虫類の天国！

19世紀に活躍したイギリスの地質学者チャールズ・ロバート・ダーウィンは、著書『ビーグル号航海記』の中でガラパゴスについて「諸島はまるで爬虫類の天国のようだ」と語っています。その言葉通り、ガラパゴス諸島にはガラパゴスゾウガメやガラパゴスイグアナといった他では見られない特殊な爬虫類が棲息しています。これらは、ガラパ

ゴス諸島周辺の海流により「たどり着いたら出られない」という独自の環境で生き物が進化した結果と考えられています。ガラパゴス諸島における生物進化は、爬虫類に限らず昔からこの地に生きてきた全ての動物に見られます。

進化とは？

ダーウィンが提唱した「自然選択説」は、現代も生物学の基盤となっています。これによると、進化とは「分散」から「繁殖」、そして「変異」、次に「自然選択」の道をたどるとされており、自然選択では環境に適した形態の個体が生き残ります。ダーウィンは種の生き残りについて「最も強いものが、あるいは最も知的なものが生き残るわけではない。最も変化に対応できるものが生き残る」とも言い表しています。

ガラパゴスと携帯電話

スマホ以前の携帯を「ガラパゴス携帯（ガラケー）」と呼びます。ガラケーは本来の通話する機能を超えてワンセグや着メロなど、日本人のニーズにあう機能が次々と追加されていきましたね。そうして日本独自の携帯電話の形ができました。これは携帯電話会社の生き残り商戦によるものといえます。

砂浜でくつろぐガラパゴスウミイグアナ。

魚市場でおこぼれを待つペリカンとアシカ。

MARIA LUISA LOPEZ ESTIVILL@123RF.COM

共生のユートピア

動物と人が仲良く暮らす

ガラパゴス諸島の総面積7800㎢（沖縄の約3.5倍）の97%がガラパゴス国立公園に指定されていて、保護区はその周辺の海も含む13万8千㎢（東京都の約63倍）と広大。ガラパゴス国立公園はエクアドル政府の管理のもと生態系を守るためのあらゆる決まりが設けられていますが、そのひとつが「野生動物に触れてはいけない」ということです。

この決まりのおかげで、人から危害を加えられる恐れがない島内の野生動物たちは、人の生活圏も行き来しのびのびと暮らしています。

不名誉《ふめいよ》な危機遺産にも

しかし、そんな豊かな島だからこそ起こる問題もあります。世界遺産に登録される前の1975年は3000人だった人口が、約30年後の2006年には14900人に一気に増加したのです。厳しいルールが敷かれているとはいえ、人が増えればありのままの自然を脅かす不測の事態も増えるもの。例えば、外来生物であるペットを持ち込む人が増えたことや、野生動物に害となるプラスチック製のゴミが増えたことです。

その結果、ガラパゴス諸島は2007年に危機遺産に登録されてしまいました。危機遺産とは、「その普遍的《ふへんてき》な価値を損なうような重大な危機にさらされている世界遺産」のことで、ガラパゴス諸島の場合は人為的な自然破壊が原因でした。エクアドル政府はこれを受け、島への移住を制限したり、太陽光発電の取り組みを強化したりするなどの対策をとることに。2010年にはその甲斐《かい》あって危機遺産リストから外されていますが、人と動物が共生する道はまだまだ簡単ではないようです。

ビーチボールを見てそそくさと近寄るガラパゴスアシカ。「一緒に遊ぼ！」

海岸近くのベンチで人目をはばからず昼寝中。

ゾウガメ乱獲の歴史

　ガラパゴスゾウガメは、大航海時代から19世紀にかけて人々に食材として乱獲されてきた歴史があります。冷蔵庫がなかった時代に、エサを与えなくても長く生き延びて鳴くこともないゾウガメは、航海中にうってつけの食材とされていました。しかも警戒心の薄いゾウガメは捕まえることも簡単です。

　船乗りたちは旅の中継地点にガラパゴス諸島に立ち寄り、ゾウガメを次々と船に運び込んでいったのです。その結果、ガラパゴスゾウガメは絶滅の危機にさらされました。

孤独なロンサム・ジョージ

たった1匹の生き残り

　ピンタ島に棲むロンサム・ジョージはそんな時代を生き延びたゾウガメの最後の生き残りでした。1971年にハンガリー人の生物学者に発見されてから、サンタクルス島のチャールズ・ダーウィン研究所で保護され繁殖が試《こころ》みられることに。しかし、他の島から連れてきたメスはジョージに寄り付かず計画は難航。なんとか産卵に至るも、卵から健康な赤ちゃんが誕生することはありませんでした。そして2012年、推定年齢100歳の彼の死をもってピンタ島のゾウガメは絶滅したと考えられています。

　しかし、一方で繁殖に成功した種もあります。エスパニョーラ島のゾウガメのディエゴです。アメリカのカリフォルニア州にあるサンディエゴ動物園で飼育されていたディエゴは、同種のカメが残り数十頭に減りメスばかり生き残ってしまったことから、ダーウィン研究所に迎え入れられました。そこで繁殖に成功し800匹以上の子孫を残しています。

ロンサム・ジョージとは「ひとりぼっちのジョージ」という意味だ。

はく製になったロンサム・ジョージ。
亡くなった今も学びを与えてくれる。

チャールズ・ロバート・ダーウィン

イギリスの自然科学者。1859年に生物の多様性や進化論を説いた『種の起源』を刊行。生き物に優劣をつけることに反対し、黒人奴隷制度の廃止を求めた人物でもあった。

チャールズ・ダーウィン研究所

研究所ではガラパゴスの自然資源の調査や固有種の保全活動に取り組んでいる。

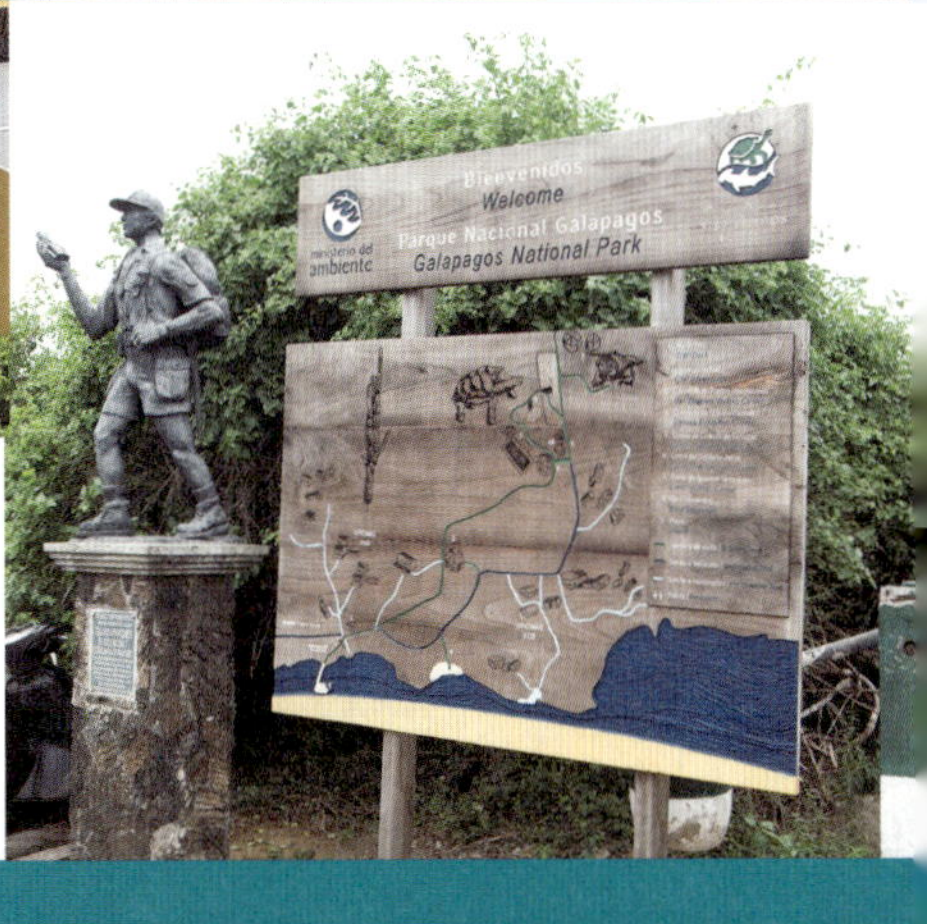

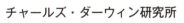

生き物図鑑 -番外編-

ダーウィンフィンチ

DATA
- 学　名：Camarhynchus pauper
- 分　類：10～13cm
- 全　長：フウキンチョウ科 ダーフィンフィンチ属
- 分　布：ガラパゴス諸島など

親戚が多すぎ！

クチバシの違いで区別

フィンチの仲間は14種が棲息し、種類によってエサや習性にも違いがある。ダーウィンの進化論に貢献し名前の由来ともなっている有名な鳥だが、現地ではトイレの水を飲んでいる姿を見かけることもあるのはご愛嬌。

危険度 ★☆☆☆☆

ガラパゴスアシカ

危険度 ★★☆☆☆

DATA
- 学　名：Zalophus wollebaeki
- 分　類：アシカ科アシカ属
- 体　長：1.5～2.5m
- 分　布：ガラパゴス諸島

FBやらせたら友達即1,000匹

社交的な性格で人懐っこい

島の中でも最も数が多い生き物のひとつで、ビーチや海、岩場などで度々見かける。好奇心旺盛で自分から人に近寄ってくることもしばしば。9月から12月には赤ちゃんのアシカを観察できる。

花が咲くのは
アタシのおかげ♪

危険度 ★★★★★

諸島で唯一の在来蜂

ガラパゴス諸島全域に棲息し、メスは花の蜜を求めて飛び回る。花を咲かせる植物にとっては、ダーウィンクマバチは受粉をサポートしてくれる有難い存在だ。メスは全身が真っ黒でオスはお腹のみ黒く、それ以外は黄褐色。

ダーウィンクマバチ

DATA

学　名	*Xylocopa darwini*
分　類	ミツバチ科クマバチ属
全　長	約4cm
分　布	ガラパゴス諸島

求愛ダンスがおもしろい

鮮やかな青い足を持つガラパゴス諸島に固有のカツオドリ。おどけるような仕草がユーモラス！　繁殖シーズンはオスがメスの前で自慢の足を左右に踏み込み踊っているような動作をする。イワシが好物で集団で狩りをする。

足が赤い
種類も
いるヨ！

危険度 ★★★★★

ガラパゴスアオアシカツオドリ

DATA

学　名	*Sula nebouxii excise*
分　類	カツオドリ科
全　長	約80cm
分　布	ガラパゴス諸島

Reptiles column

爬虫類豆知識

column 03

プラスチックゴミがナゼ危険なの？

海中を漂うポリ袋。人の手を離れた後、珊瑚礁に絡みついたりウミガメが餌と間違えて食べたりする。

動物が誤《あやま》って食べちゃうから

今、世界各地で使い捨てのプラスチック製のゴミを減らすための運動が行われている。例えば、日常的に使うストローやレジ袋などの廃止だ。世界20カ国で行われる首脳会議（G20）では、海洋汚染に繋がるプラスチックゴミの規制は重要な課題と捉えられており、日本でもこの動きは近年顕在化《けんざいか》してきた。日常レベルで考えるとその便利さからつい手にとってしまいがちなものだが、環境問題を考えるとそうもいかない。なぜなら人工物のプラスチックは自然では分解されず、半永久的に残ってしまうからだ。生物保護の意識が高いガラパゴス諸島においても、海に無造《むぞう》作《さ》に捨てられたプラスチック製のゴミが多く見られた。生き物が誤って食べてしまえば貴重な命を脅かすことになる。

日本でも、観光名物となっている奈良公園のシカの怪死から死体を解剖すると、胃袋から大量のポリ袋が出てきたというニュースは記憶に新しい。ポリ袋は観光客が持ち込んで捨てていったゴミだ。人と生き物が仲良く暮らす世界の実現には、私たちの毎日の些細な選択にかかっているのかもしれない。

4章

アメリカ合衆国

アメリカ南部
とあるお屋敷
カミツキガメって
怖いじゃない？
人とか襲うんでしょ？
どうもね
うちの池に
いるみたいなの
ねぇ
捕まえて
くれないかしら？
ドーン!!
ここに
連れてきた理由が
わかったかい？
Mr.カトー
ガハハ
いやはや
警察官の俺が
罠を仕掛けても
全然捕まらないんだよ
ガシッ
というわけで
頼むよ!!

……
じっ
ぶつぶつ
ギラッ
・・・uh
ボッ
それでは
いくつかの道具を
用意してください
くるっ
ニッ
ヒュッ
よしっ！
グッ
ザパーアッ

ここは良い池ですね
在来種のブラックバスも
こんなに大きくて
あらありがとう
日本にも
いるの？
日本では
外来種になるので
やっかい者
あつかいなんです
シャキーン
では次！
Is that sushi?
It's not sushi.
トトトトトト
トトトトトト
ジャーン
これが
カミツキガメの
エサになります
匂いを出したい
のでしばらく放置
ホッ
何をやってるのかと
思ったよ

※エサ撒きタイム
ポチャ
ポチャ
すぴー
すぴー
パシャン
ぐん

必殺！バシリスク走り!!
シュタタタタ〜
説明しよう！
バシリスク走りとは
水上を走るトカゲ
バシリスクのように
素早く足を回転させ
水の上を走る
加藤英明の必殺技である!!

シュタタタターーッ
ガシッ
バッ
ふんっ!!

さて
どうしますか？
このカミツキガメも
アメリカの在来種で
立派に育って
そうですね
少なくとも50年は生きて
いるようですね
ちょい
マダム
どうする？
じっ
……

……
わたしこの家に住んで10年なの
この子のほうが先に住んでたんだもんね
Mr.カトー ごめんなさい やっぱりその子を放してくださらない？
いいんですか？ せっかくとったのに
ちゃぽん
のそっ
そういえば捕まえ方が素早くて水の上走ってるように見えたよ
HA
HA
私もよ カトーはニンジャなの？
HA

爬虫類図鑑

陸にあげられると
怒って攻撃する！
咬む力は強く、人の指を
骨折させることもある。
手足の皮膚には大きな
ウロコがあり、筋肉質な
体。寿命は長く100年
以上生きることもある。
危険度★★★★☆

カミツキガメ

DATA

学　名：*Chelydra serpentine*
分　類：カミツキガメ科カミツキガメ属
甲　長：最大 49.4cm
分　布：カナダ南部〜アメリカ合衆国

日本でカメというと、童話「ウサギとカメ」に出てくるのろまなカメを思い浮かべる人は多いかもしれないが、カミツキガメはそんなカメのイメージとはかけ離れた戦闘力の高いカメだ。特撮映画に出てくる怪獣のような姿で咬みつくスピードは驚くほど速い！

カメの中には危険が迫ると甲羅に手足を隠して身を守るものもいるが、カミツキガメは四肢を全て甲羅の中に収めることができない。ガードよりも攻めに転じることで自然界の過酷な生存競争を生き抜いている。

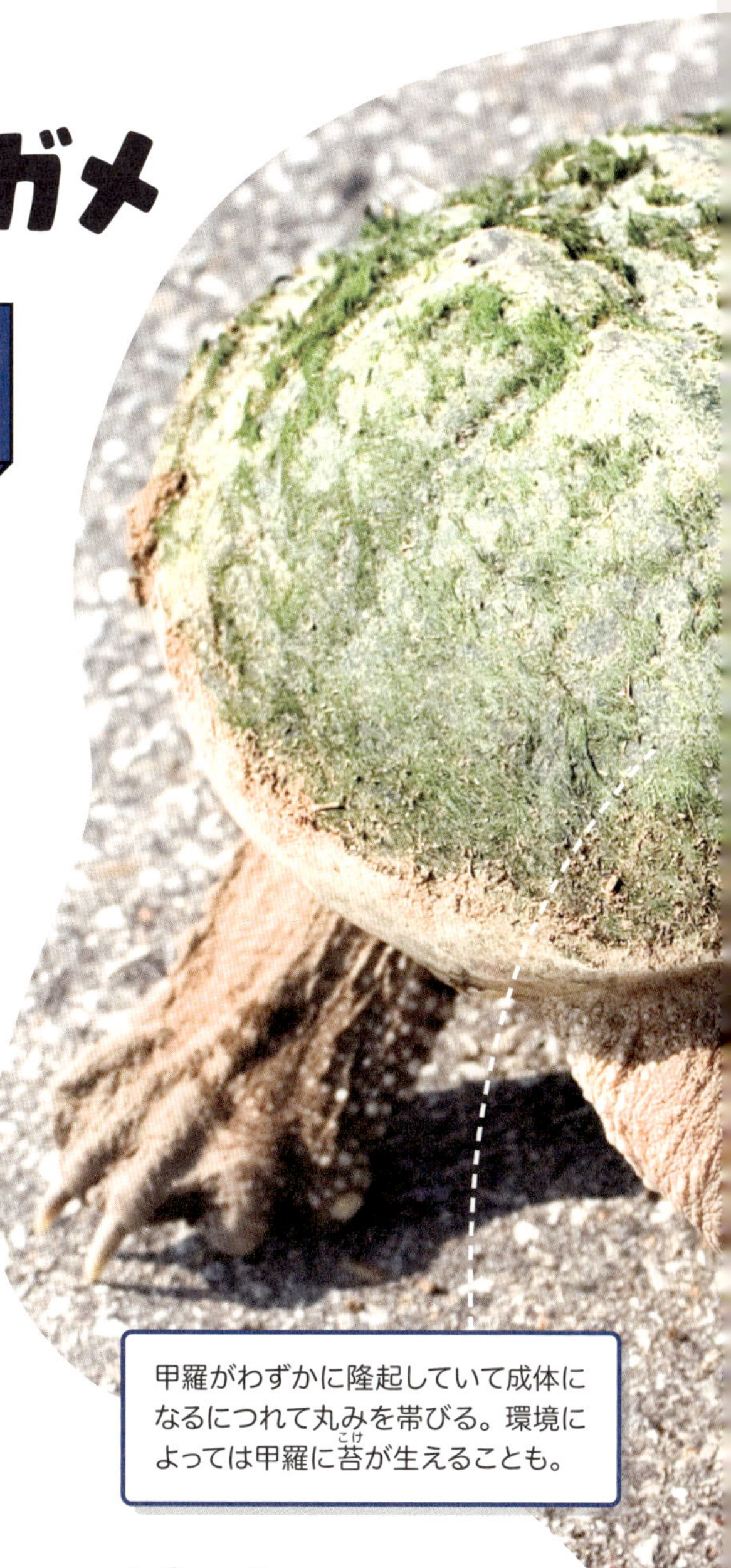

甲羅がわずかに隆起していて成体になるにつれて丸みを帯びる。環境によっては甲羅に苔《こけ》が生えることも。

俊敏《しゅんびん》な動きに注意！
水中に潜む怪獣

頑丈《がんじょう》な皮膚に覆われた長いしっぽ。背中側の中心に大きなウロコが縦に並んでいる。

四肢は甲羅の中に収まらないが、頭部は縮めるように曲げて甲羅に入る。

電光石火で咬みつく

口の中に歯は持たないが、クチバシが硬く尖っていて刃物のような鋭い切れ味だ。

お腹はこんな感じ。腹甲がひし形になっていて四肢の皮膚が露出している。

水中で生活する

カミツキガメは一度に40個から100個ほどの卵を産み、卵は80日ほどで孵化する。卵や幼体のうちは天敵に食べられてしまうことも多いので、成体になれるのは多くても数匹程度しかいない。

カメの種類は棲息する場所で大きく3つに分類され、砂漠や森、湿地に棲息する「陸棲種《りくせいしゅ》」、陸と水中を行き来する「半水棲《はんりくせい》種《しゅ》」、一生のほとんどを水中で過ごす「水棲種《すいせいしゅ》」がいるが、カミツキガメは水棲種で手足には泳ぐための水かきがついている。淀《よど》んだ水を好むので川でも右：エサや敵を定めると首をビヨーンとばねのように伸ばして喰らいつく！
左：口の中にあいた丸い穴は空気を取り込む気管。口を閉じると鼻の穴と直結する。

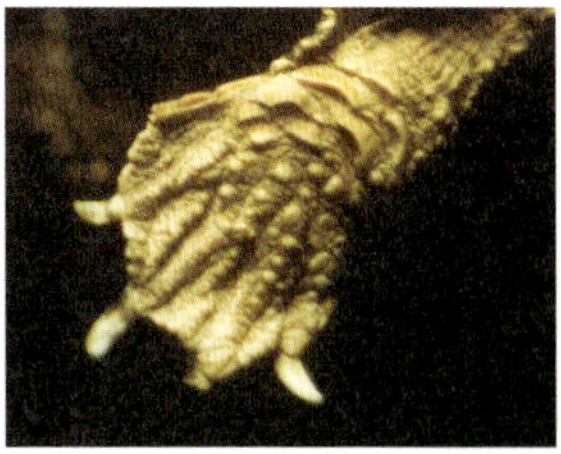

左：水かきがついた手。水中ではこれを使ってスイスイと素早く泳ぐことができる。

「食べられる」ことにも向く

アメリカの郷土《きょうど》料理であるケイジャン料理では、カミツキガメが食材に用いられる。その味はというと多少の生臭さはあるが、きちんと調理をすれば旨味が強く意外なほど美味い。

流れが遅い沼地やため池に棲息している。

なんでも食べる！

カミツキガメはお世辞《せじ》にもグルメとは言えない。エサは昆虫や、カエル、鳥、小型哺乳類から果物や木の葉、水中の藻までとにかくなんでも食べる。どこに行ってもエサに困ることはほとんどないだろう。冬は冬眠するが、水温や水質の変化に対する適応力は高い。

さらに、メスはオスとの交尾後、精子を体内で数年間に渡って保持することができ、必要に応じて受精する。寿命も長くてすごい生命力だ！

パインヘビ

DATA

学　名：*Pituophis melanoleucus*
分　類：ナミヘビ科パインヘビ属
全　長：1.9～2.3m
分　布：アメリカ合衆国

危険度 ★★★☆☆

好きな食べ物は
小型哺乳類や鳥♪

名前はかわいくても要注意

獰猛な性格で取り扱いには注意が必要。シュウシュウと威嚇音を出したり身体を打ちつけたりする。飛びかかって敵を攻撃するが、飛びかかる前に尾を震わせるしぐさをする。松林などに棲息し地中や巣穴に潜ることも多い。昼行性。

ミシシッピアカミミガメ

DATA

学　名：*Trachemys scripta elegans*
分　類：ヌマガメ科アカミミガメ属
甲　長：10～28cm
分　布：アメリカ合衆国

名前の通り耳が赤い

通称ミドリガメ。原産地は北アメリカのミシシッピ川。日本では数が増えすぎたことでカミツキガメと同じく外来生物問題に。現地では生態系のバランスが保たれており爆発的に数が増えることはないので日本ほどは見かけない。

縦じま模様が
オシャレでしょ？

危険度 ★★☆☆☆

甲羅がやわらかい

危険度★★★☆☆

トゲスッポン

DATA

学　名：*Apalone spinifera*
分　類：スッポン科アメリカスッポン属
甲　長：24～54cm
分　布：アメリカ合衆国

滑らかな甲羅にトゲがある⁉

茶褐色からオリーブ色の体色で甲羅にぽつぽつとした突起があり顔に近い縁には細かいトゲ状の突起がある。つんと尖ったシュノーケルのような鼻を水面から出して呼吸する。メスの方がオスより大きい。日本では生態系被害防止外来種に指定。

アメリカアリゲーター

DATA

学　名：*Alligator mississippiensis*
分　類：アリゲーター科アリゲーター属
全　長：2.5～5ｍ
分　布：アメリカ合衆国南部

行方不明者の原因かも

別名ミシシッピワニともいう。革製品の材料にされ一時数が減ったがアメリカの種の保存法（ESA）に指定されてから は個体数が回復。生きているかぎり成長を続け4ｍを超えるものも度々発見される。年間数名の死亡事故が発生する。

危険度★★★★☆

2ｍを超えたら人なんてイチコロ

水中に現れた侵略者！自然の掟《おきて》を破るのは誰？

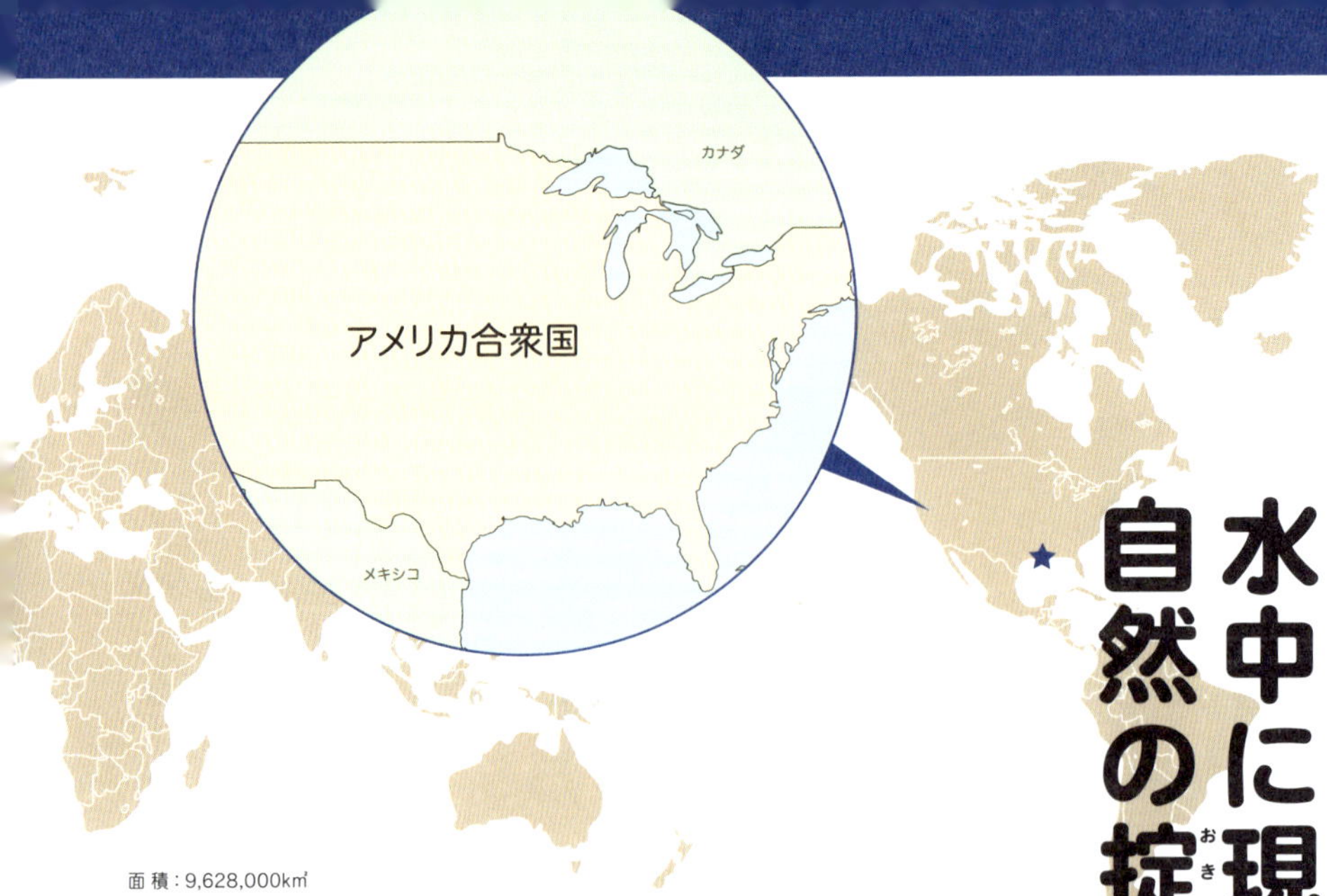

面 積：9,628,000㎢
人 口：約 327,750,000 人
言 語：英語
気 候：地域によって異なる

カミツキガメを捕まえる

北アメリカでは在来生物

日本では特定外来生物として知られ防除の対象となっているカミツキガメですが、ここ北アメリカでは自然に棲息する野生動物なので防除の対象とはなっていません。

しかし、カミツキガメの棲息域であるミシシッピ川周辺の住宅では、私有地の池に入り込んだカミツキガメに住民が咬まれる被害が起きており、追い払っ

まだ若いカミツキガメ。このサイズなら甲羅の下の方を持てば咬まれない。

無事にカミツキガメを捕まえることに成功するも依頼者の希望で再び池に離すことに。

て欲しいと個人的な依頼を受けることがあります。

　カミツキガメは危険生物なので人々を怖がらせてはいますが、本来、警戒心が強くて人に近づくことはない生き物。事故はもしかすると、人がいたずらに近づくことで起きているのかもしれません。むやみに近づかない限り、カミツキガメのほうから人を襲ってくることは滅多にありませんから。

こうやって捕まえる!

　カミツキガメを捕まえるには、エサによるおびき寄せが有効です。姿を現したら目を合わせずにゆっくりと近づいて、逃げる素振りを見せた一瞬のスキがタイミング！　目が合えば殺気を感じて水の奥深くに逃げてしまいます。首はとても長いので掴むときは甲羅の足に近い所を持ちましょう。

　また、進行方向から近づけば攻撃の的になってしまうので背後から近づくのもポイントです。濁った水中でどっちを向いているかを確認するには軍手はせずに素手で触って甲羅や体の形をチェックします。ただし、水中では水かきを使ってくるりと瞬時に進行方向を変えることもあるので「背後から攻めれば安心」という思い込みにも注意！

ミシシッピ川の生態系

自然界の食物連鎖《しょくもつれんさ》

ミシシッピ川は、全長3779㎞とアメリカ合衆国で一番長い川で、世界的に見てもアフリカのアマゾン川やナイル川、中国の長江と並ぶ大河のひとつです。その広大な流域の総面積には日本がすっぽりと収まるほど。棲息する野生動物もじつに多様で、ワニやチョウザメといった水中生物はもちろん、アメリカを象徴するワシやカワウソ、コヨーテなどたくさんの生き物がミシシッピ川の恩恵を受けて暮らしています。

ミシシッピ川の自然では流域ごとに環境にあった生き物が棲みつき、デリケートな生態系バランスが築かれています。そして野生動物は毎日、この厳しい食物連鎖の中を生きています。

生態系の破壊者は？

カミツキガメもミシシッピ川では天敵が存在し、ワニや大型哺乳類などに食べられてしまいます。元からある自然ではひとつの生き物が極端《きょくたん》に数を増やすことはありません。この生態系のバランスを崩すのが「外来生物」です。

日本の池にはカミツキガメを捕食する天敵がいません。このなんでも食べてしまうカミツキガメが放たれてしまえばどんなことが起きるか想像がつくでしょう。千葉県最大の湖沼《こしょう》である印旛沼《いんばぬま》ではカミツキガメが異常繁殖し、昔から棲んでいた生き物を食べ尽くしてしまうほどの勢いです。カミツキガメの捕獲数はなんと年間1000匹以上！　外来生物の侵略によって日本の生き物が絶滅の危機にさらされているのです。

その地の自然に
あった生き物の
暮らし方がある

ミシシッピ川流域

北アメリカ大陸を横断するミシシッピ川。源流はミネソタ州でいくつもの州をまたぎメキシコ湾へと流れる。ミシシッピ川の名前はインディアンの言葉で「大きな川」を意味する。

上：ミシシッピ川の支流。鉄道が開通するまで船による運搬の水路として重宝されてきた河川でもある。
右：水浴びをするメスのヘラジカ。

生態系の
バランス

自然界の食物連鎖

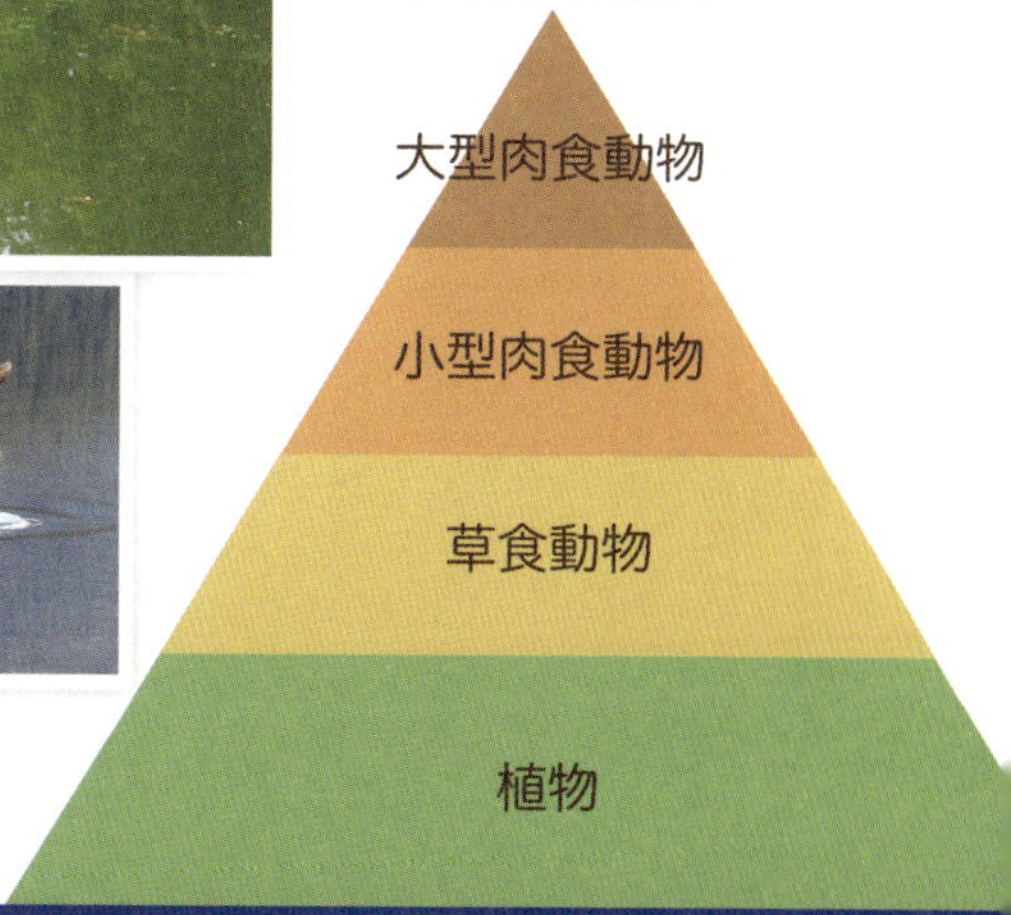

子どものカミツキガメは手乗りサイズ。
日本では現在、飼うことは禁止されている。

外来生物をどう考える?

「ペット捨て」が原因

日本でカミツキガメが異常繁殖した原因は、1960年代からカミツキガメの赤ちゃんがペット用に持ち込まれ、大きくなって飼いきれなくなった人たちが近所の池などに捨ててしまったことです。

当時、日本では縁日《えんにち》の「カメすくい」が流行し子ガメをペットとして飼う人が増えていました。大人になるとガメラさながらの風貌に成長し人に危害を加えることもあるカミツキガメですが、産まれたての子ガメ時代はミドリガメのように愛らしく一見飼いやすい生き物に見えます。成長するとどうなるか詳しく調べずに、安易に我が家に迎え入れてしまった人も少なくないはずです。

しかし、ペットを飼うということは生き物に対する責任を負うということ。飼えなくなった

ミシシッピ川ではアジア原産のコイが
外来生物として猛威を振るっている。

大量に水揚げされるアジアンカープ（コイ）。
外来生物による侵略は日本に限らない。

からと捨てずに済むようにその生き物の生態を十分理解してから迎え入れることが大切です。

ところ変われば厄介者に

不本意にも日本では特定外来生物に指定されてしまったカミツキガメ。特定外来生物は飼うことが禁止され、運搬なども規制されています。もし見つけた場合はすみやかに地域の役場や警察に通報しましょう。

捕らえた外来生物は調査したのちに殺処分《さっしょぶん》することがほとんどなので、外来生物にとってみればずいぶん迷惑な話。このような事例を増やさないためにも、その土地の生態系に影響を及ぼすような身勝手な行動は慎《つつし》むべきでしょう。生態系を守ることは私たちの生活に密接に関わっています。日頃から自然や野生生物に気を配る気持ちを忘れずに。

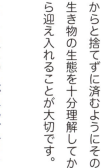

エサが足りないから
人里に降りてます

アライグマ

DATA

学　名：*Procyon lotor*
分　類：アライグマ科アライグマ属
全　長：40～60cm
分　布：北アメリカ

危険度 ★★★☆☆

アニメの影響でペット化

北アメリカが原産で日本では特定外来生物に指定。1970年代に放映された人気テレビアニメ『あらいぐまラスカル』の影響でペットとして持ち込まれたものが野生化し異常繁殖する原因になった。アライグマによる農作物被害は拡大中。

ヘラチョウザメ

DATA

学　名：*Polyodon spathula*
分　類：ヘラチョウザメ科
　　　　ヘラチョウザメ属
全　長：1.5 m 前後
分　布：アメリカ合衆国

危険度 ★★☆☆☆

古生代から生きる「硬骨類」

3億年前から生きてきた古代魚。オールのような吻《ふん》を持ち英名は「パドルフィッシュ」という。一見、凶暴そうだが歯は持たず主食はプランクトンなど。吻《ふん》は微弱電流を帯びていてレーダーのように働き採餌《さいじ》に使うといわれている。

サメとは
別の生き物

オオクチバス

DATA

学　名：*Micropterus salmoides*
分　類：サンフィッシュ科 オオクチバス属
全　長：70cm 前後
分　布：北アメリカ

危険度 ★★☆☆☆

釣りブームで各地に放流

日本では外来生物の代表格。ブラックバスとも呼ばれる。バス釣りブームによってここ20年ほどで急速に分布が拡大し、個体数が増えたことが問題に。釣り人に人気の魚だが食用にはあまり向かないことも数が増えた原因のひとつ。

おっと、
おいらは
悪くないゼー

口元の２対の
ヒゲがコイの印

危険度 ★★☆☆☆

アジアンカープ（コイ）

DATA

学　名：*Cyprinus carpio*
分　類：コイ科コイ属
全　長：80cm～1m
分　布：アジア

雑食・長寿・多産の三拍子《さんびょうし》

日本で外来生物としてお馴染《なじ》みの大型の淡水魚がアメリカに持ち込まれて問題に。雑食性で水草、昆虫、甲殻類などなんでも食べ、一度に20万から60万個もの大量の卵を産むことで増殖して分布域を拡大。各地で駆除されている。

Reptiles column

爬虫類
豆知識

column 04

他にはどんな外来生物がいるの？

グリーンアノール。全長は18～20cm。オスは喉元にデュラップという赤い咽頭垂を持つ。

小笠原《おがさわら》諸島の危機

外来生物の侵略は日本の世界遺産である小笠原諸島でも起きている。小笠原諸島は世界でここにしか棲息していないメジロ科のハハジマメグロがいたりノボタン科の植物ハハジマノボタンが原生していたりして学術上貴重な動植物の宝庫。ここで問題となってしまったのはアメリカ原産の特定外来生物グリーンアノールだ。

グリーンアノールは、小笠原諸島の父島では１９６０年代に、母島では１９８０年代に持ち込まれたと考えられていて、きっかけはアメリカ軍の物資輸送の際に紛れて入り込んだか、ペットとして飼われていたものの逃走や遺棄《いき》によるもの。面積20㎢ほどの小さな島では外来生物による影響は短期間で深刻になる。

被害を受けているのは天然記念物にも指定されているオガサワラシジミやオガサワラトンボなどだ。現在はほぼ絶滅状態に追い込まれている。また、在来生物のオガサワラトカゲは、グリーンアノールとエサをめぐる競争にさらされ幼体はグリーンアノールに食べられていることが確認されている。

5章

キルギス共和国

キルギスの国境付近の地域
カザフスタン
キルギス
ウズベキスタン
タジキスタン
荷物重いでしょありがとうねぇ
いえいえ
ここはまっすぐ歩いてね
左に行っちゃだめよ
あっち行くと地雷があるのよ
えっ!?

ここらは いろんな国に 囲まれて
そ、そうなんですね
“中央アジアの火薬庫”って 呼ばれとるのよ
ここでいいわ ありがとう
めぇー
めぇー
ところで わざわざ日本から 何しに来たんじゃ
はい
爬虫類の 研究で来ました
はちゅうるい？
えと おもしろい トカゲとか ご存知ですか？

……
え〜っと昔
うちのヤギのお乳
吸いに来てた
トカゲがいたみたいよ
怪奇ヤギ乳吸い
ぐわっ
それは珍しい！
見たい！
最近も出没していますか？
昔、わたしのお爺さんから聞いた話だから
えーっと
確か
あの丘の向こうでも
似たようなトカゲ
見たって
言ってたような…

ほっ
あ
ほっ
ほっ
ジャリ
グ
トカゲの足跡！
ということは
よし！近くにあやしい巣穴発見!!

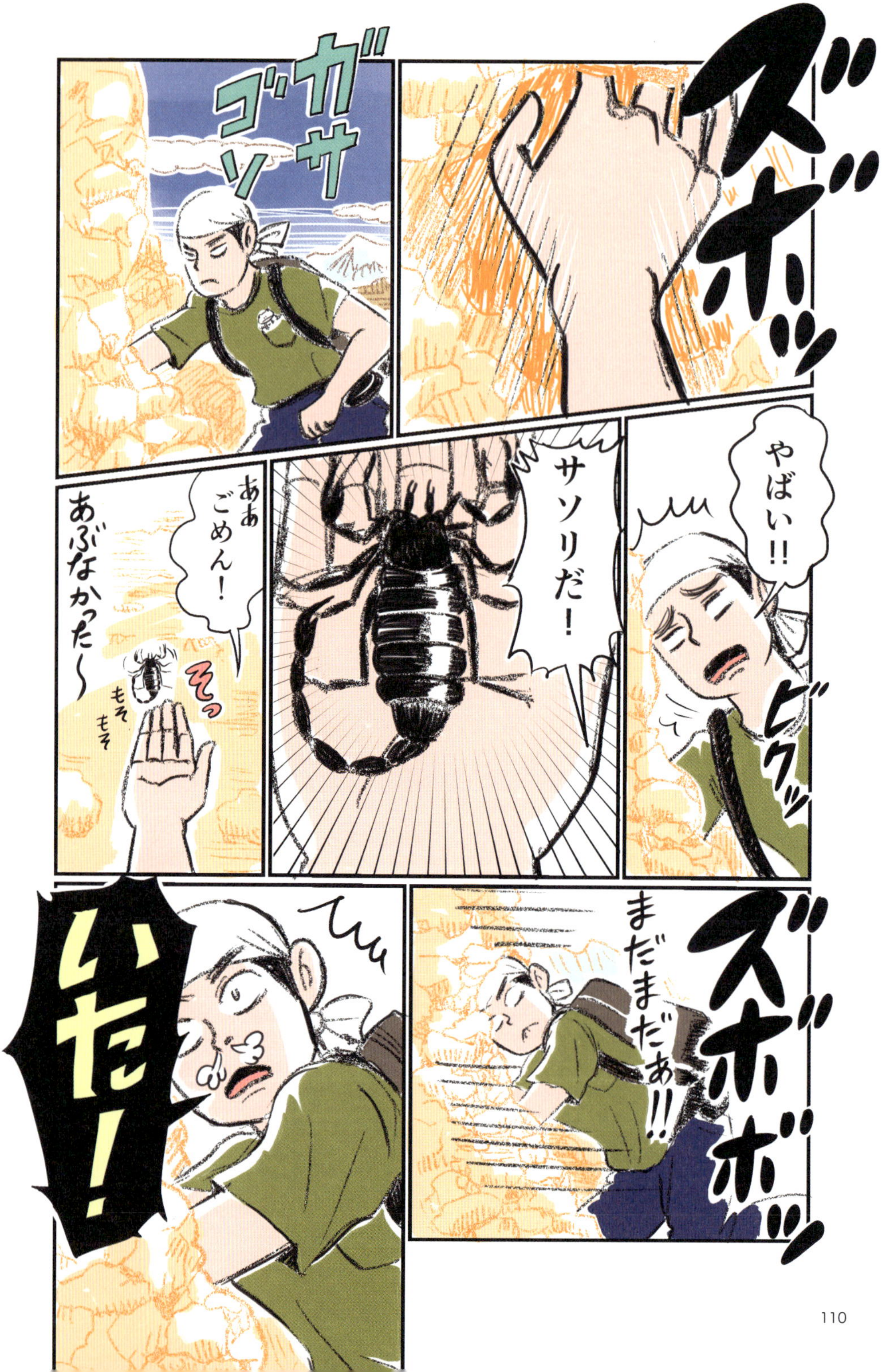

ズボッ
ガサ
ゴソ
やばい!!
ビクッ
サソリだ!
ああ
ごめん!
あぶなかった〜
そっ
もぞ
もぞ
ズボボボッ
まだまだぁ!!
いた!

しゃあっ!!
これは希少なカスピオオトカゲ!
成体のオス!よく食べ肉付きが良い!健康状態良好!!
ピッ
体温計
カシャ
サッ
思わぬ出会いに感動!
ありがとう!

また寄ってくれたの待ってたわよ
いろいろ探したけどそれらしきトカゲはいませんでしたよ
あのね昔の話を思い出して絵描いてみたの
サッ
なんかねぇ…顔の横にヒダみたいなのがあったって言ってたような
ありがとうございます
ヒダで。
…
似てるなぁ……
じー
グイッ
すぴー
すぴー
……

カスピオオトカゲ

爬虫類図鑑

DATA

学　名：*Varanus griseus caspius*
分　類：オオトカゲ科オオトカゲ属
全　長：1～1.6m
分　布：中央アジア、北アフリカ

危険度 ★★★☆☆

カメやその卵、トカゲ、小型の哺乳類を餌とする肉食。時にはコブラなどの毒ヘビもご馳走《ちそう》にする。

鼻の穴は目の近くにあり細長くスリットのような形。

うっかり寝ていたら
見つかっちまったぜ

地域絶滅を免《まぬが》れた砂漠に棲むオオトカゲ

カスピオオトカゲは中央アジアから北アフリカに分布するサバクオオトカゲの中でも最大の亜種。サバクオオトカゲは棲息する地域によって大きさや体色に違いが見られ、乾燥した砂漠ではくすんだ色で、比較的植物が茂っている場所では鮮やかな色の傾向がある。

秋から冬にかけては冬眠し巣穴の中で越冬。巣穴はリクガメや小動物が掘った穴をすみかにしている。活発に活動するのは5月から7月の初夏が中心で繁殖シーズンもこの時期だ。朝は太陽が昇ると同時に巣穴から出て、エサを求めて砂漠をさまよう。

背中には帯のような横縞と黒い斑点模様がある。全体的にくすんだオレンジ色。オスの方がメスより大きい。

前足には細く長い指が5本。鋭い爪は穴を掘るときにツルハシのような役割をする。

鋭い眼光《がんこう》で砂漠を這う

体温が高いと元気

体温は気温に影響し季節によってはもちろん、1日のうちでも時間帯によって変化する。カスピオオトカゲの体温は平均して21℃から37℃の間だが、日が落ちて体温が低くなると歩く速度は遅くなり、嗅覚などの感覚機能も鈍くなる。体温が21℃をきると動きはかなり緩慢《かんまん》に。冬眠中はさらに体温を下げて消費エネルギーをコントロールする。

産卵時期は7月の初め頃で卵は約120日後に孵化し全長25㎝ほどの赤ちゃんが産まれる。寿命は15年程度だ。多くの爬虫

上：長い舌は先が二股に分かれている。
右：脱皮中のカスピオオトカゲに遭遇！皮膚は乾燥した砂漠に適応し頑丈。

ワシントン条約ってどんなもの？

ワシントン条約とは、絶滅の恐れがある野生の動植物の国際取引を規制する条約のことで「CITES（サイテス）」とも呼ばれる。Ⅰ～Ⅲのレベルが設定されていて、Ⅰが最も厳しく取引は禁止されている。海外旅行する個人にも適用され、動物のはく製や象《ぞう》牙《げ》製品、漢方薬なども対象。

粒状のウロコが並ぶ皮。財布やバッグなどの日用品の材料に使われることもある。

類と同じく、カスピオオトカゲも脱皮しながら体を成長させ、卵から孵化し3年から4年で成体になる。脱皮の回数は年に多くて3回程度。

革製品の材料として乱獲

カスピオオトカゲは、革製品を作る目的で海外取引の対象となり、棲息する地域の人々に乱獲されてきた。過去には年間20000匹近くもの取引がされていたため、数がどんどん減って絶滅してしまった地域もある。現在はワシントン条約によって国際的な取引が規制され守られているが、密猟や密輸のニュースは後を絶たない。

喉元が
黒っぽいと
オス

危険度 ★★★★★

レーマニーアガマ

DATA

学　名	*Paralaudakia lehmanni*
分　類	アガマ科パラウダキア属
全　長	35cm 前後
分　布	中央アジア

手足と尾の先がボーダー柄

中型のトカゲで体の半分以上はしっぽ。土色をベースに黒とオリーブ色の模様があり成熟したオスでは背中の所々にオレンジ色があらわれる。トゲのようなウロコに覆われていてゴツゴツした岩場では周囲と同化して見つけにくい。

ベロックスソウゲンカナヘビ

DATA

学　名	*Eremias velox*
分　類	カナヘビ科ソウゲンカナヘビ属
全　長	20cm 前後
分　布	中央アジア、ロシア南部、中国など

標高1800mまで棲息

灰褐色の背中に白と緑の目玉のような斑点模様。オスはやや黄味がかっていてメスは腹部が白い。植物が少ない砂地や岩場に棲みつき昆虫やクモを食べる。寒い季節は冬眠して暖かい時期にのみ活動しメスは一度に3個から7個の卵を産む。

危険度 ★★★★★

産まれて1年で
成体になる！

「怒ってるの?」
ってよく聞かれます

危険度★☆☆☆☆

ヒナタガマトカゲ

DATA

学　名：*Phrynocephalus helioscopus*
分　類：アガマ科ガマトカゲ属
全　長：13cm 前後
分　布：中央アジア

ゴツめのカエルフェイス

丸い頭部に細くて長い手足としっぽを持つ。ガマトカゲはトカゲの中でも特に情報が少なく、未知の部分が多い。幼虫や小さな昆虫を餌とし、見つけたら素早く喰らいついてパクパク食べる姿がユーモラス。名前の通り日向《ひなた》が好き。

ニワカナヘビ

DATA

学　名：*Lacerta agilis*
分　類：カナヘビ科ニワカナヘビ属
全　長：20 ～ 30cm
分　布：東ヨーロッパ、モンゴルなど

ヨーロッパのトカゲの代表格

白い縦縞に沿うように丸い斑点が並ぶ模様。棲息エリアによっては縦縞がないものや赤っぽいものもいる。繁殖期にはオスは身体の側面が明るいグリーンに染まる。メスは6月から7月にかけて産卵し6個から13個の卵を産む。

危険度★☆☆☆☆

ヨーロッパでは
保護の対象

面積：198,500㎢
人口：約 6,140,000 人
言語：キルギス語、ロシア語、ウズベク語
気候：湿潤大陸性気候〜ステップ気候

幻《まぼろし》のトカゲを追う！シルクロードを辿《たど》って紛争地帯へ

地雷の上をトカゲが走る

フェルガナ盆地へ

四方を山々に囲まれたフェルガナ盆地は、シルクロードのルートのひとつである天山山脈《てんざんさんみゃく》南側の交易路の中継地点となっていた場所。そんな天山南路は、かの三蔵法師《さんぞうほうし》も通った旅のルートです。地中からは中国やインドの影響を受けた工芸品など多くの考古学的な品々が出土しており、かつて異文化交流が盛んに行われていたことを物語って

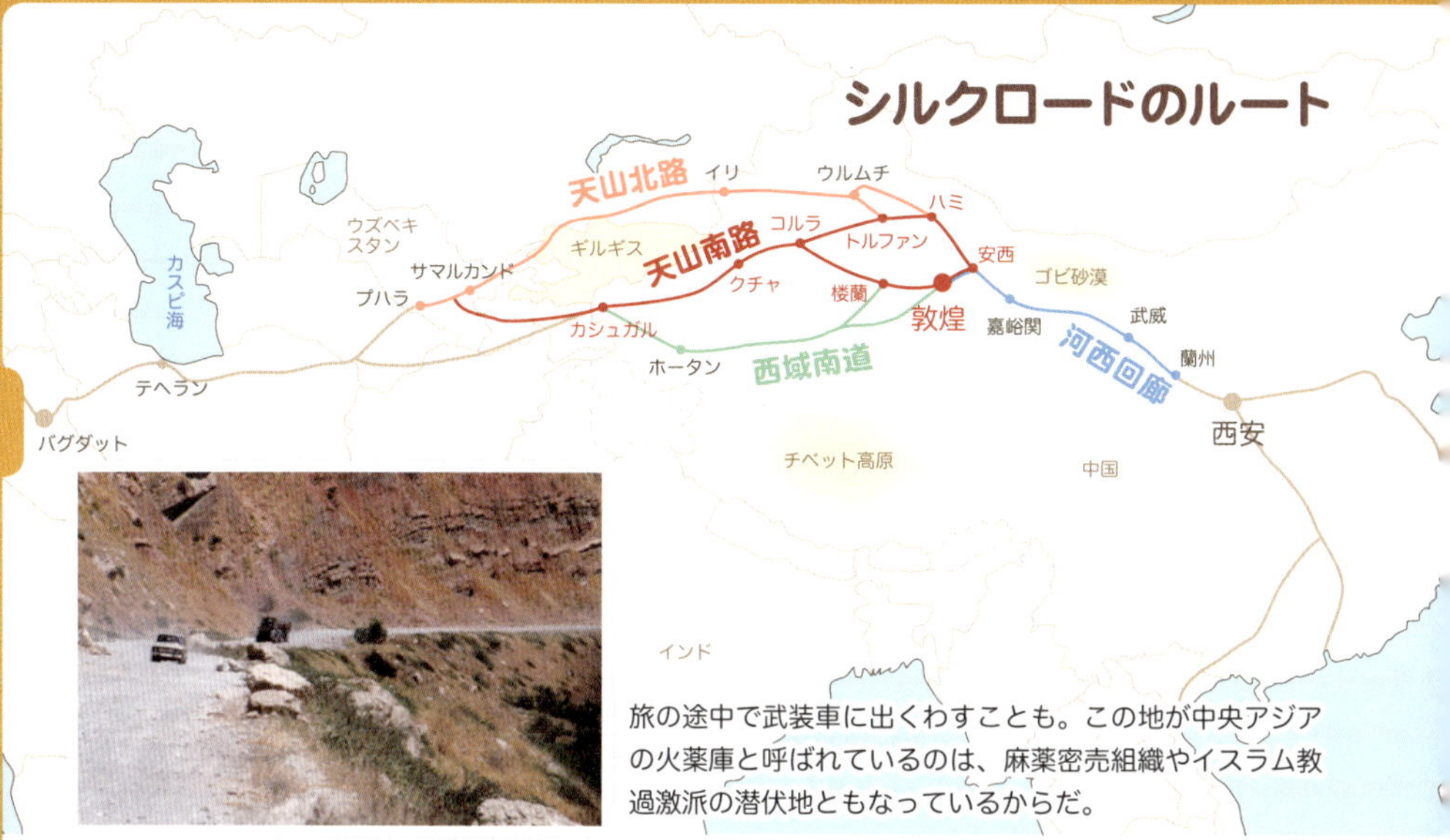

旅の途中で武装車に出くわすことも。この地が中央アジアの火薬庫と呼ばれているのは、麻薬密売組織やイスラム教過激派の潜伏地ともなっているからだ。

います。
この地域の特産品である絹織物はシルクロードの名前の由来。9世紀まで最大の都市であったフェルガナ地域のマルギランという街では、今も当時から引き継ぐ伝統的な手法によって絹織物の製造がされています。

地雷が眠る紛争地帯

しかし、そういった歴史がある一方で、昔から民族紛争が耐えない危険地帯でもあります。周辺に宗教や慣習が異なる様々な民族が生活していることや長年続く政情不安が影響し人々の間で度々衝突が起きているのです。私が到着した2週間前にも殺人事件が起きていて現地には緊迫した空気が漂っていました。キルギスとウズベキスタンの国境付近には、過去に政府がテロ対策として地面に埋没《まいぼつ》した地雷の一部が未だに眠っています。

それでもこの地では、砂地を元気に走り回るベロックスカナヘビやガマトカゲなど、たくさんの爬虫類に会うことができました。皮肉《ひにく》なことですが、地雷によって人が寄り付かない危険地帯は土地の開発が遅れることで自然が残され、野生生物にとっては棲み易い環境となっていました。

荒々しい山々が連なる絶景は
冒険映画の舞台のようだ。

ダイナミックな山岳地帯

高山に棲むユキヒョウ。崖や雪の上を歩くためヒョウよりも足は短くて太い。

標高差による環境の変化

ユーラシア大陸の内陸にあるキルギスはたくさんの山脈が連なる山岳地帯。国土は主に中国から続く「天山山脈」と、南のタジキスタンに続く「パミール高原」の2つからなり、全体の40%が標高３０００ｍを超える山地です。

　低地と高地では環境の差が激しく、低地は乾燥した砂漠地帯なのに対して高地は1年中雪で覆われた極寒《ごっかん》の世界！　同じ地域でも標高の差による環境の違いから、それぞれの場所に棲みつく動植物の種類や群落には違いが見られます。日本では考えにくいことですが、夏場は地域によっては1日を通して気温が20℃近く変動することもあり、昼は半袖で過ごしても夜はセーターが必要になることは日常的です。

自然とともに生きる！

プロのロッククライマーでも登ることが難しい山肌の斜面をやすやすと飛び越えていく野生のヤギ、暖かい季節を待ち望んだように咲き誇る花々。そこに集まる昆虫たち――。雄大《ゆうだい》な山岳のパノラマを背景に、動植物たちを見ていると力強い生命力を感じます。そしてそれは、伝

右：現在は伝統芸として継承される鷹狩り。鷹匠は馬に乗ってイヌワシを操る。
下：住居に使われている布は羊毛でできたフェルトを圧縮したもの。

富士山が
標高 3,776m

統的な遊牧生活を営む人々の姿からも。遊牧生活では馬を移動手段とし、家畜の餌が豊富にある草原にユルタと呼ばれるテント型の移動式住居を組み立ててひと夏を越します。

とある住居におじゃまさせてもらうと、その暮らしぶりには古くから伝わる生活の知恵が詰まっていました。壁には狩猟の戦利品であるシベリアオオカミの毛皮が飾られていて、馬乳酒《ばにゅうしゅ》という酵母で発酵させるお酒を振る舞ってもらいました。野菜が貴重品である遊牧生活において、馬乳酒はビタミンやミネラルを摂るのに欠かせない栄養ドリンクでもあります。

謎《なぞ》の生物「バラン」とは？

聞き込み調査を開始

爬虫類調査の旅ではいくつかの自分ルールがあるのですが、そのひとつは「案内は現地の人に頼む」ということです。なぜなら当然のことですが、現地に暮らす人たちが最もその地に詳しいから。さらに言うと、爬虫類の聞き込みはまずお年寄りを対象にし、一方で若者にも聞くようにしています。20代の若者は現在については詳しくても50年前のことは語れません。

森林伐採などで人工的な土地の開発が進む社会では、世界各地で地域絶滅が頻繁《ひんぱん》に起きており、年単位で野生生物の姿が消えています。

幻のトカゲを大発見！

聞き込み調査では、現地なら

毒がある生物に刺されたら写真を撮ろう。病院での治療に効果的。

巣穴に手を突っ込んでカスピオオトカゲのハントに成功！

ではの名前で呼ばれている知らない爬虫類の名前を耳にするとワクワクしますね。私がまだ会ったことがない不思議な爬虫類かもしれないからです。キルギスでは「コシャック」や「アチカマル」と言う名前を耳にしました。夜に二足歩行で走りまわるというコシャックは、おそらくクモヤモリの仲間のことだろうと予想していますが、「ヤギの乳を吸っていた」というアカチマルに関しては謎のまま……。

おそらく何かの理由で、エサに困窮《こんきゅう》した爬虫類が必要な栄養をとるためにとった行動だと思いますが、ヤギの乳にぶら下がっている爬虫類なんて見たことがありますか？ こんな風にこれまで知らなかったことを知れることこそ旅の醍醐味《だいごみ》！ 実際に、キルギス南部では絶滅したと考えられていた個体群のカスピオオトカゲを発見することができました。現地では「バラン」という名前で呼ばれていたトカゲです。

イヌワシ

DATA

学　名：*Aquila chrysaetos*
分　類：タカ科イヌワシ属
全　長：65cm～1m
分　布：ユーラシア大陸
　　　　アメリカ大陸

危険度 ★★★☆☆

オオカミも捕まえる！

人の7倍の視力を持つ

現地では鷹狩りに用いられる主要な生き物でゴールデンイーグルとも呼ばれる。

鷹狩りでは、鷹匠とイヌワシは寝食を共にして信頼関係を築く必要があり、イヌワシはひとりの鷹匠にしか懐かない。寿命は40年ほどで仕事を終えたイヌワシはまだ若いうちに自然に帰され、野生での繁殖が促される。

4色型色覚の持ち主で人に見えない波長の光も見ることができ、1000m上空からでもノウサギやキツネといった獲物を見つけ出す！　名前の由来は鳴き声が子犬のようだから。

大家族を養うためにせっせとエサ集め中！

危険度 ★★☆☆☆

オオスナネズミ

家族でコロニーを形成

英語で「Great《グレート》 gerbil《ジャービル》」とも呼ばれる。前足に巣穴を掘るための丈夫な爪を持ち大家族でひとつの巣穴に暮らす。植物をエサとし活動するのは主に日中。ハムスターのように可愛いが、ペストなどの病原体を媒介するので気安く触れない方がいい。

DATA

学　名：*Rhombomys opimus*
分　類：ネズミ科オオスナネズミ属
体　長：15～20cm
分　布：中央アジア

ユキヒョウ

雪のように白い体毛

天山山脈やパミール高原の標高3000mから4500mに棲息していて冬には標高が低い森林地帯にも降りてくる。温暖化の影響もあって個体数は減少傾向。1972年に絶滅危惧種に指定され狩猟禁止の措置が取られている。

DATA

学　名：*Panthera uncia*
分　類：ネコ科ヒョウ属
体　長：1～1.5m
分　布：中央～南アジア

小さい耳は体温維持のため

危険度 ★★★★☆

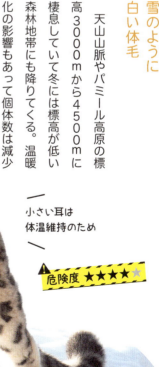

Reptiles column

爬虫類
豆知識

column 05

雪の上を歩く妊娠中のコモチカナヘビ。日光浴で赤ちゃんを寒さから守っている。

同じ種類でも卵生と胎生がいる!?

環境で子育てを進化させているといわれる

爬虫類の繁殖形態は8割が卵生で2割が胎生とも。そしてその中には、同じ種類でも生息域の標高差による環境の違いによって卵生と胎生に分かれるものもいる。

アメリカの生物学者ジェームズ・スチュワート氏の調査では、オーストラリアに棲息するトカゲ科のキバラミツユビナガトカゲ（学名：*Saiphos equalis*）は、同じ州内でも海岸の温暖な低地では卵生に、標高が高い山岳地帯ではほとんどが胎生になることが確認された。卵生の生き物が寒い地域では胎生へと繁殖形態を変える理由は、環境に適した子育て方法にあると考えられている。山岳地帯などの雪が積もる地域では、産み落とした卵を保温して孵化させることが難しい。したがって、赤ちゃんは卵ではなく日光浴によって体温を維持できる母親の胎内にいたほうがすくすくと育つ。

他にも、日本やロシア、ヨーロッパに分布するトカゲの仲間のコモチカナヘビ（学名：*Zootoca vivipara*）は、胎生という特徴がある。寒冷な地域で繁殖するために胎生は優れている。

6章

クロアチア共和国

クロアチア
ドブロブニクの
どこか
この街は
美しくて
見飽きないなぁ
ゴゴ
ゴゴゴゴ

ダッ
おいっ!
キョロ
キョロ
カサ
こんにちは
こそこそ
ダルマチアアカベカナヘビ!
?
ひそひそ
バケモノいる
こわい

すすっ
今日はどうしたんだ！
ササササ
何か気になる生きものがいるのかも
ササササ
スッ
わかった一緒に向かおう!!
ダッ

着いたぞ
スタッ
おっ!
ヨーロッパアシナシトカゲ!
ちょうど日光浴中だ

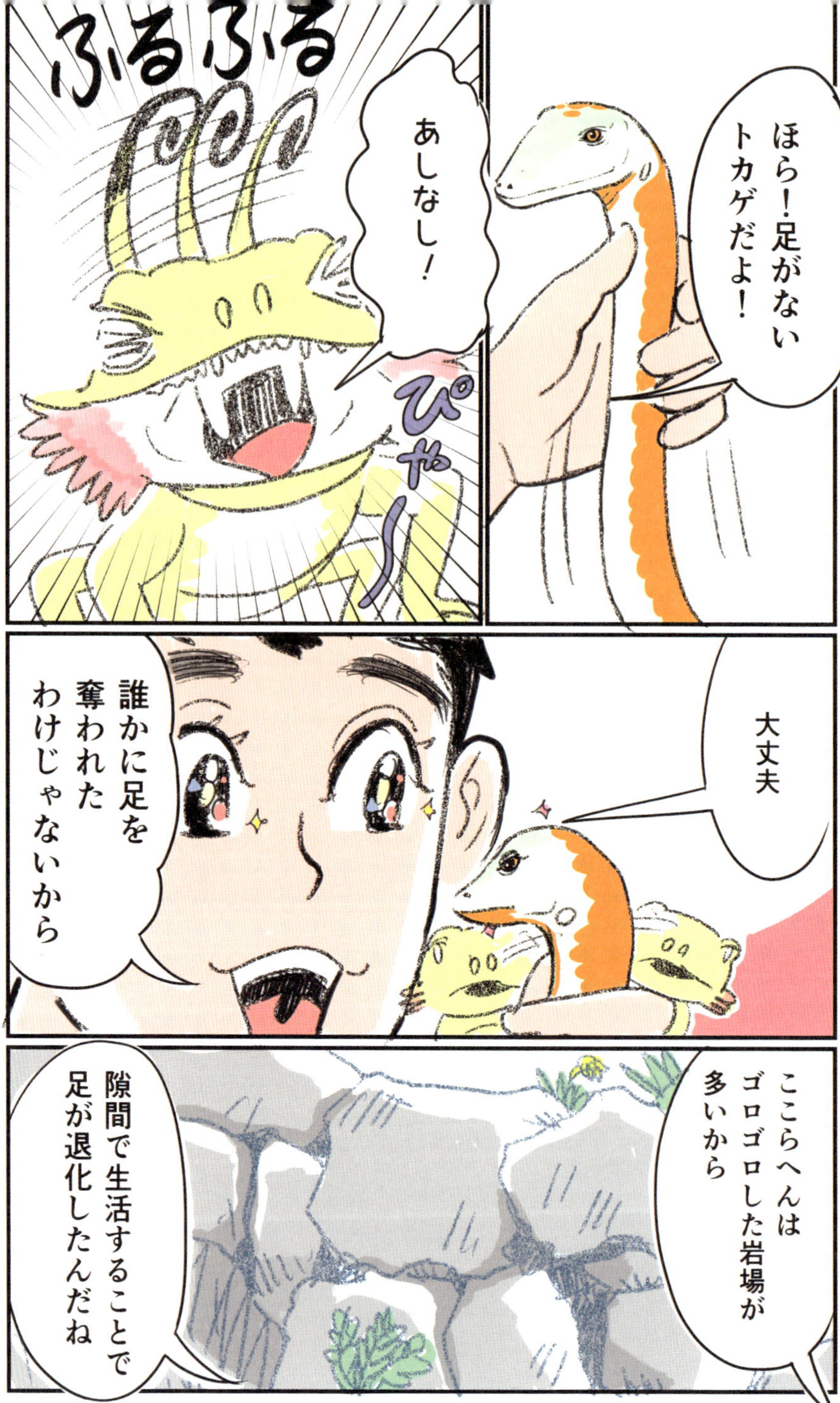
ほら！足がないトカゲだよ！
ふるふる
あしなし！
ぴゃ～
大丈夫
誰かに足を奪われたわけじゃないから
ここらへんはゴロゴロした岩場が多いから
隙間で生活することで足が退化したんだね

よく見れば足があった跡もあるし
ちょこん
あとヘビと違ってまぶたもあるんだよ
ねえ聞いてる?
ひそひそ
ばけものくる! ばけものいる!
ぴゃーっ
!
近くに何かいるぞ!
カサ
よし来いバケモノ!!

ニャーーー
わーーっ
ニャー
バッ
ガサ
なんだ
ネコか!!
んー
パタパタパタ
ぴゃーっ

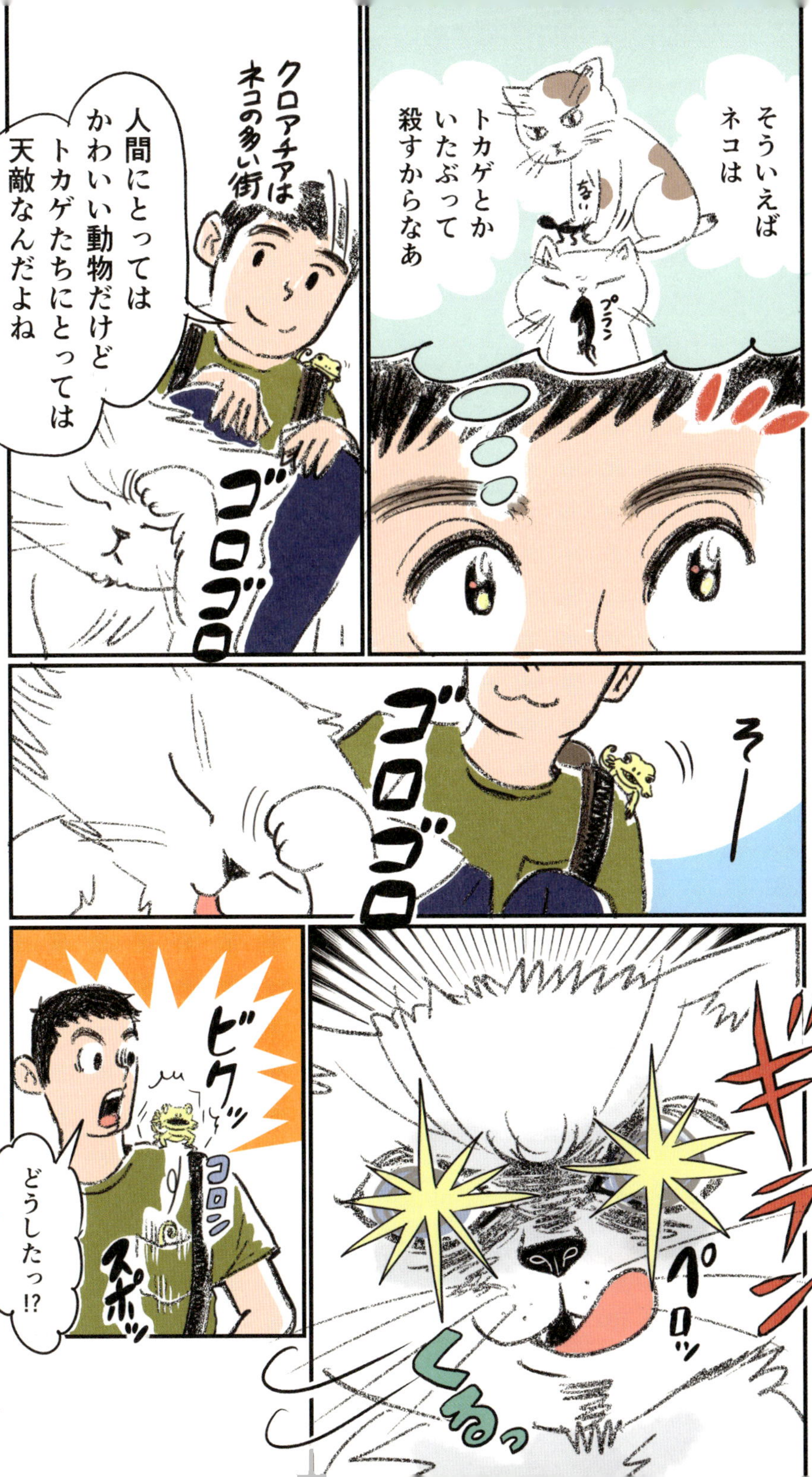
そういえばネコはトカゲとかいたぶって殺すからなあ
クロアチアはネコの多い街
人間にとってはかわいい動物だけどトカゲたちにとっては天敵なんだよね
ゴロゴロ
ゴロゴロ
そー
ギラン
ペロッ
くわっ
ビクッ
コロン
スポッ
どうしたっ!?

爬虫類図鑑

アシナシトカゲ

DATA

学　名：*Pseudopus apodus*
分　類：アシナシトカゲ科
　　　　アシナシトカゲ属
全　長：1～1.2m
分　布：バルカン半島～西アジア

危険度★★☆☆☆

手足はなく体は甲冑のようなウロコに覆われている。体の側面に1本横に入ったシワは採餌や卵形成で体を膨らませるため。体が硬いのでヘビより動きはぎこちない。

尾を自切できる。しかし自切する頻度は少ない。

乾燥した土地を好み、バルカン半島の石灰岩がボコボコした丘や耕作地などに棲息し、別名をバルカンヘビガタトカゲともいう。

日本では手足がない爬虫類を見ればヘビだと判断すると思うが、アシナシトカゲのように手足がないトカゲもいる。そのためアシナシトカゲが棲息する地域ではヘビのような生き物を見かけると、少し細かく観察してヘビかトカゲかを判断している。例えばヘビにはまぶたはないがトカゲにはまぶたがあるという違いがある。また、耳の穴がなく振動で音を感じるヘビに対して、アシナシトカゲには耳の穴があり聴覚が優れている。

環境適応《かんきょうてきおう》で姿を変えた手足がないトカゲ

ヘビより
イケメンだろ?
頭部の側面に耳の穴があり音を感じることができる。

ヘビとトカゲの見分け方

まぶたと耳の穴のあるなしがトカゲとヘビを見分けるポイント。ヘビにはまぶたと耳の穴はないが、トカゲにはまぶたと耳の穴がある。

アシナシトカゲは全部で 20 種類ほどいるが、バルカン半島に棲む種類は最も大きい。

ヘビとの違いは!?

ヘビとアシナシトカゲの決定的な違いは食事の方法にもある。ヘビは体を伸縮させることができるのでエサを丸呑みするが、アシナシトカゲは皮膚の下に「皮骨《ひこつ》」と呼ばれる板状の骨があって胴体は強固。側面にはウロコと皮膚が体の内側に入り込んだ溝があり、ある程度は体を膨張させることができるがヘビほどではない。代わりにアゴが発達していて噛む力が強く、エサは咀嚼《そしゃく》してから飲み込む。

　アシナシトカゲのエサとなるのはミミズや昆虫、小型哺乳類など。カタツムリも好み、殻《から》ま

黄緑色の頭部と赤褐色の胴体は草むらの中に潜むと姿が分からなくなる。

ヘビがトカゲよりも嫌われる理由

世界中どこに行っても嫌われがちなヘビ。毒を持つものもいる危険生物だからということもあるが、ヘビには表情がないことも「気味が悪い生き物」という印象を強めているのだろう。ヘビは瞬きしないので無表情。表情から行動を読み取ることが難しい。

交配時にオスはメスの首元に咬みつく！
メスを逃さないためだ。

でバリバリと噛み砕いて食べる！

地中を好む

冬は冬眠し1年の大半を土の中で過ごす。地上に出て活発に活動するのは3月から6月の春が中心。繁殖シーズンもこの時期で、メスは交配から約10週間後に8個から10個の卵を産む。卵を産む場所は木の樹皮や岩の下、また湿った地面で産んだ後は卵を守る警戒心を見せる。卵が孵化するまでは約1.5カ月。産まれたての子どもは15㎝程度の大きさでミミズのような見た目をしている。

危険度 ★☆☆☆☆

和名の“まんま感”ってあるよねー

ダルマチアトガリハナイワカベカナヘビ

DATA

学　名	*Dalmatolacerta oxycephala*
分　類	カナヘビ科イワカベカナヘビ属
全　長	20cm 前後
分　布	クロアチア南部など

三角形の頭と長い尾を持つ

尖り気味の鼻を持ち岩の上を這いずり回る。すばしっこさはピカイチ！　体色は背中側が緑色で黒い斑点の模様があり尾はボーダー模様。尾の長さは身体の3倍。バッタなどの昆虫を餌としヘビなどに食べられる。

バルカンミドリカナヘビ

DATA

学　名	*Lacerta trilineata*
分　類	カナヘビ科ニワカナヘビ属
全　長	40cm 前後
分　布	バルカン半島、ギリシャ諸島など

目が覚めるビタミンカラー

標高1500mまでに棲息する。体色は鮮やかな緑で体の側面は帯状に青みがかっており腹部は黄色。オスは春に特に色が鮮やかになる。頭部に露出した黒い鼓膜を持ち、平たい体で縦横無尽《じゅうおうむじん》に這いずりまわる。緑の体色が草に紛れる。

不覚にも逃げ切れず！

危険度 ★☆☆☆☆

強いだけが
男じゃないのサ

危険度 ★☆☆☆☆

ダルマチアカナヘビ

DATA

学　名	：*Podarcis melisellensis*
分　類	：カナヘビ科カベカナヘビ属
全　長	：15 ～ 18cm
分　布	：クロアチア、モンテネグロ

オスは恋愛の駆け引き上手？

同じ種類でも体色によってメスへのアプローチの方法が違う。オレンジ色のオスは積極的で、黄色のものはメスの周囲を守る優しさを見せ、白っぽいものは他のオスの領域にこっそり入り込んで他のオスのメスと交尾する。

ハナダカクサリヘビ

DATA

学　名	：*Vipera ammodytes*
分　類	：クサリヘビ科クサリヘビ属
全　長	：50 ～ 70cm
分　布	：ヨーロッパ～西アジア

ヨーロッパ最強の毒ヘビ

ツンと尖った鼻が特徴。クサリヘビ科の毒は強い消化液のようなもの。獲物に咬みつき体内から消化してしまう。ひと咬みで平均5mlから25mlの毒を注入する。中型犬なら3.5ml程度が致死量。もし咬まれたら血清による早急な治療が必要。

毒

危険度 ★★★★☆

別に天狗になってる
わけじゃないぜ

面積：56,590 km²
人口：約 40,960,000 人
言語：クロアチア語
気候：地中海性気候

美しいリゾート地の片隅で 爬虫類たちが繰り広げる攻防戦

あのアニメの舞台の街

人気の観光地

アドリア海沿岸部は、世界有数のリゾート地として観光客が押し寄せる場所。なかでもダルマチア地方最南端に位置するドブロブニクは、「アドリア海の真珠《しんじゅ》」と評される景観の美しい街です。ジブリ映画『魔女の宅急便』や『紅の豚』の舞台としても知られていますね。

真っ青なアドリア海と石灰岩の白い城壁《じょうへき》や、赤レンガの屋根

が折り重なるここでしか見られない風景は味わい深いもの。私の旅は、いつも爬虫類の調査が目的なので観光スポットに立ち寄ることは滅多にないのですが、もし将来、観光目的で旅をするならここはまた訪れてみたい場所です。その時はぜひ、美味しい地中海料理を振る舞うレストランに入ってみたいと思います。

中世の城壁都市

ドブロブニクの歴史は古く、起源は今から2000年ほど前のローマ帝国時代にまで遡ります。海洋貿易の要《かなめ》となる港として栄えたこの小さな街は、かつてはドブロブニク共和国として独立した都市国家を築いていました。今も残るルネサンス様式の宮殿やバロック様式の教会など豪華《ごうか》な建築物に当時の名残が見て取れます。海岸をぐるりと取り囲む城壁は城塞《じょうさい》として軍事的な機能も兼ね、その総距離は約2㎞。高さは最も高いところで25mに達します。

過去には地震災害に見舞われたり内戦によって壊滅《かいめつ》的な被害を受けたりしたこともありますが、その度に改修や補強がくり返されてきました。今では中世からの原型をとどめる数少ない城壁都市のひとつに数えられています。

城壁の上は遊歩道になっている。背後に見える丘がスルジ山。

アシナシトカゲなぜ手足が無くなった？

すき間に逃げ込むため

ドブロブニクの背景には標高412mのスルジ山があり、山頂の展望台は街を一望する恰好《かっこう》の観光名所。アドレア海沿岸の山々は、灰色をした石灰岩質の山肌でところどころにすき間がありますが、そこに棲む爬虫類たちにとってはこのすき間こそ重要なもの。天敵があらわれるとすぐにこのすき間に入り込み身を隠します。

トカゲでありながら手足を無くしたアシナシトカゲの変容の秘密は、ここにあると考えられます。それはつまり、岩のすき間に逃げ込むときに手足が大きいものよりも小さいものの方が有利だったはずだということ。その結果、生まれながらに手足の小さい個体が生き延びることになり、その遺伝子が引き継がれていく中で、邪魔な手足はどんどん退化していったと考えることができるのです。アシナシトカゲの胴体には、今でも退化した足の痕跡《こんせき》が見られます。

害虫を駆除する助っ人

なかなかトリッキーな見た目だけに、現地では嫌われモノかと思いきや、意外にも人々はアシナシトカゲに対して好意的なようです。なぜなら、農作物を食べ荒らす害虫であるカタツムリを食べてくれるから。ちなみに、アシナシトカゲは毒ヘビも食べます。毒ヘビはトカゲなどを食べるので、トカゲは毒ヘビに食べられ、毒ヘビはアシナシトカゲに食べられるという、爬虫類間の食物連鎖が築かれているのです。

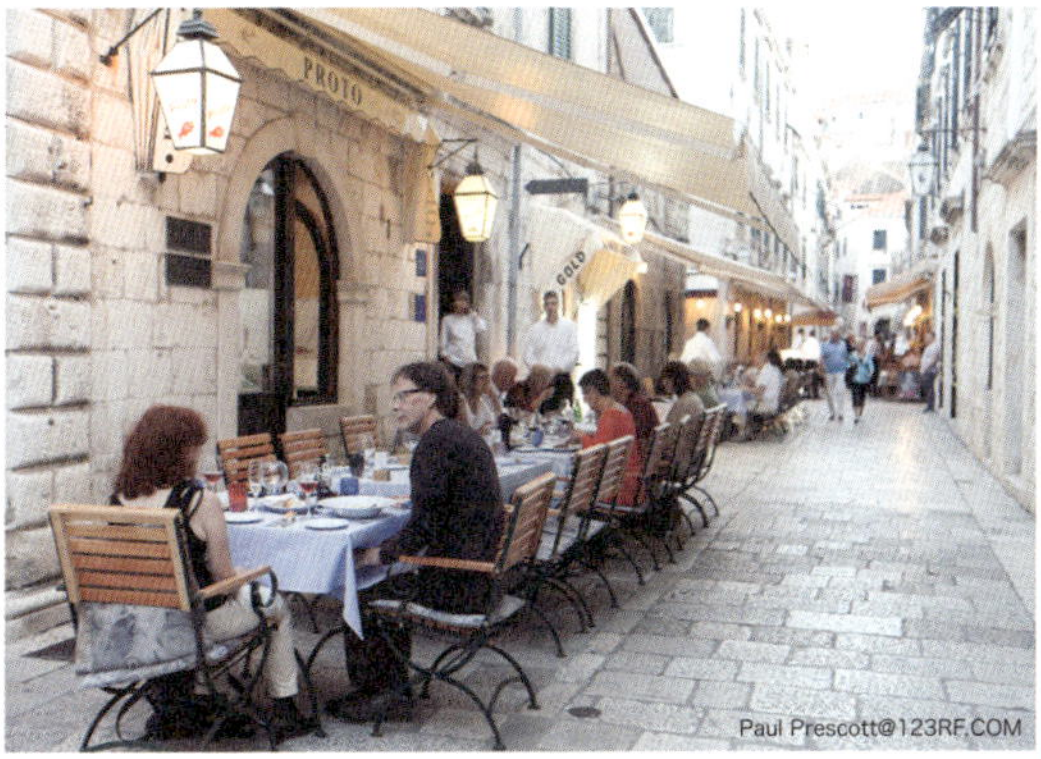
Paul Prescott@123RF.COM

Roman Babakin@123RF.COM

上：人々で賑わうレストラン。特産品を使った地中海料理を提供している。
右：街のメイン広場にある聖ヴラホ教会。1715年に完成した歴史深い建築物だ。

「ニャー」は恐怖の轟《とどろ》き!?

ネコはトカゲも追いかける

街中を散策していると、獲物を狙ってじっと身を潜めているネコを度々見かけます。海洋貿易で栄えたドブロブニクは、航のネズミを退治する目的で持ち込まれたネコが多く住みついています。ネコの視線の先には、城壁やレンガのすき間をチョロチョロと行き交うトカゲ。動き回るものを追いかける習性があるネコは、ネズミだけでなくトカゲにとっても天敵です。

日本ではペットとして大人気のネコですが、ネコはそもそもエジプトが原産で、人の役に立つように改良された生き物です。つまり、現地に昔から棲息するトカゲたちにとってネコは外来生物。野良猫が徘徊する街の光景は、人には平和で穏やかなものに映りますが、トカゲたちからすると恐ろしい天敵がそこら中を歩き回っていることに……。

シルクロードで来日したネコ

ネコは大航海時代の物々交換によって世界各地に行き渡ったと考えられており、日本へ持ち込まれたのはシルクロードがルーツ。遡《さかのぼ》ること今から1200年前です。当時は珍しい生き物として貴族階級のみが飼育していました。

戦国武将のひとりである豊臣秀吉は、猫好きの武将だったことで知られていますが、ネコを紐《ひも》で繋ぐことを禁止したという言い伝えがあります。これによって疫病を拡大するネズミが激減しました。猫は人にとっては今も昔もいいパートナー。でも、トカゲにとってはそうとも限らないわけですね。

ドブロブニク旧市街は「猫の街」としても有名。

石造りの住宅地。トカゲが逃げ込めるすき間がたくさんあるのは幸いだ。

『炬燵《こたつ》の娘と猫』

江戸時代に活躍した浮世絵師、歌川国政の作品。江戸時代には庶民発祥の浮世絵や書物にネコが度々登場していることから一般にも広く知られていたことがうかがえる。

オオライチョウ

DATA

学　名：*Tetrao urogallus*
分　類：キジ科オオライチョウ属
全　長：45～50㎝
分　布：ヨーロッパ、アジア

コカッコカッ、ジーガシャ
ジーガシャ米▽Φ＊☆……

鳴き方がかなり変!?

危険度 ★☆☆☆☆

オスは扇子のような尾と目の上に赤い肉冠《にくかん》を持つ。繁殖シーズンになるとメスの前で尾を広げて首を伸ばして鳴く「ディスプレー」という行動をとる。クロアチアに棲む約３４０種もの鳥類の中の一種。メスはオスより地味な見た目。

オオヤマネコ

おしゃれな黒い斑《はん》点

DATA

学　名：*Lynx lynx*
分　類：ネコ科オオヤマネコ属
全　長：80㎝～1.3m
分　布：ユーラシア大陸

プリトヴィッツェ湖群国立公園などに野生で棲息している。毛皮を採取する目的で狩猟され、ヨーロッパの多くの地域で絶滅したが現在は数が回復。耳の先にピンと生えたリンクスティップがヤマネコの特徴。模様は1匹ごとに違う。

危険度 ★★★☆☆

クロアチア語では
「リス（Ris）」
だからややこしい

ホライモリ

DATA

学　名	*Proteus anguinus*
分　類	ホライモリ科ホライモリ属
全　長	23~30㎝
分　布	クロアチア、スロベニア

危険度★☆☆☆☆

ミステリアス
と呼んで

ドラゴンの赤ちゃん!?

クロアチアの天然記念物。半透明の肌を持ち薄暗い洞窟の中で一生を過ごす。目は退化して皮膚の下に埋もれているが聴覚や嗅覚は非常に鋭敏《えいびん》。長寿で平均寿命は約70年と長い。10年にたった一度だけ産卵する。

ヤギ

DATA

学　名	*Capra aegagrus*
分　類	ウシ科ヤギ属
全　長	1～1.6m
分　布	西アジア

危険度★★☆☆☆

私の頭は
ご馳走《ちそう》なんです

スルジ山に放牧中

山岳地帯や岩場に棲み傾斜の急な斜面も軽々と登ることができる。西アジア原産のヤギは家畜としてクロアチアに持ち込まれ、古くから食材に利用されてきた。ヤギのチーズはクロアチア料理に欠かせず国章にもヤギが描かれている。

Reptiles column

爬虫類豆知識

column 06

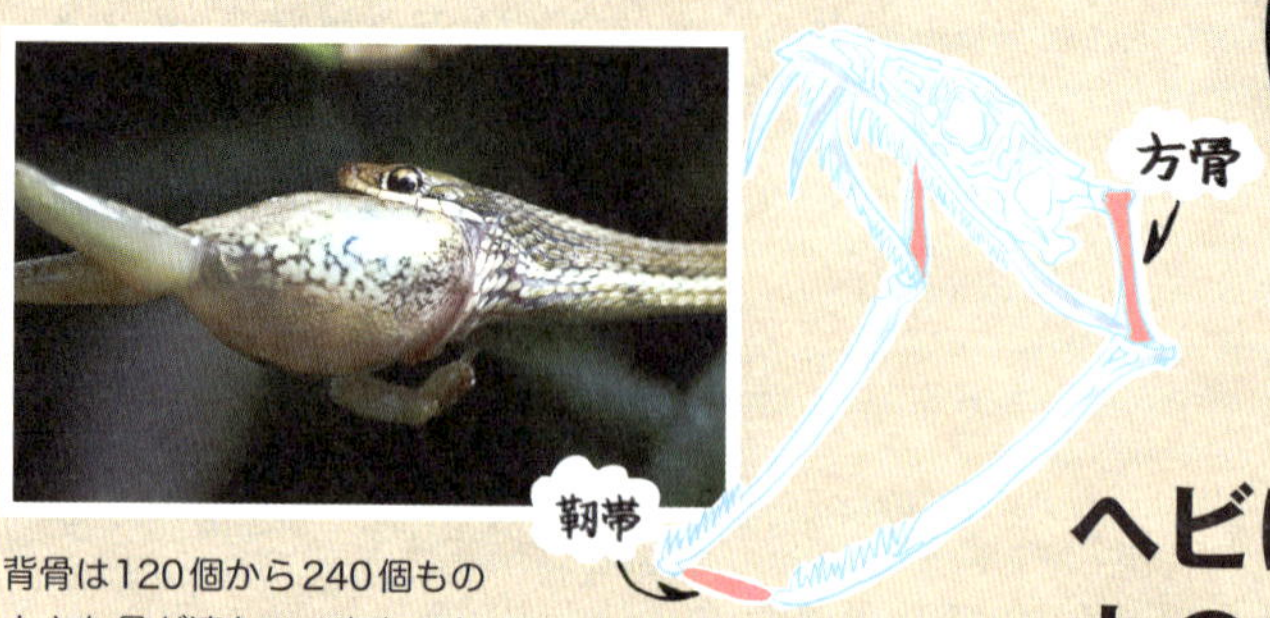

背骨は120個から240個もの小さな骨が連なっておりこれがしなやかに動ける理由。

ヘビはナゼ丸のみできる？

骨格が特殊な構造だから

自分の体よりも大きな生き物や卵を丸呑みにしてしまうヘビ。ナゼこんなことができるのか不思議に思ったことはないだろうか？　その秘密はヘビならではの骨格の構造にある。

まず、注目して欲しいのが上アゴと下アゴを繋いでいる2本の骨。この骨は「方骨《ほうこつ》」といい、口を開閉するときに蝶番《ちょうつがい》のように働き関節の役割を担う。この骨のおかげで口は縦方向に最大で150度も開くので、自分の顔よりも大きなエサに喰らいつくことができる。さらに、下アゴの骨は中心が途切れていて喰らいついた獲物の大きさに合わせて左右に広がる。

口から入った獲物は、強烈な分解酵素を含む消化液を浴びながら胴体に丸ごと入っていくが、胴体には背骨と肋骨があり胸骨はない。つまり、背中側にしか骨がなく、腹部はストレッチ性の皮膚によって大きく広がるようになっている。

しかも、鋭い歯は口の奥に向かって生えているのでエサが通る道は一方通行。途中で獲物がもがいても逆戻りできないという仕組みだ。

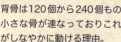

7章

ナミビア共和国

アフリカ
ナミブ砂漠
ナミブは地元の言葉で〝何もない〟という意味らしい
確かに何もないように見える
だけど大きなダイアモンドの鉱脈が発見されたり
ドサッ
さてと
貴重な生物もたくさん暮らしているんだ
ガサ
ゴソ

よし！
ジャーン
ミネラルウォーターで
必殺タオルぬらし!!
ザバァ
ぴやっ
「なんで頭にタオルを巻いているの？」とよく聞かれるけど
ダラダラ
答えは熱中症対策
調査で熱中し過ぎるから乾いた頃に休憩を入れるんだ
ニコ
タイマーみたいな役割もあるんだぞ
……

よし！完璧！
お！ゴミムシダマシ
なんだ行くのか？
ササササササ
バクッ
DASH!

あれ?!
ミズカキヤモリも
いるじゃないか!
体が半透明だ
キュルン
ペロッ
ドーン!!
ポトッ

ぴゃ〜〜
びくっ
アピールしてるのかな
ぷっ
ハハ
迷子になるなよ

むっ
サク
サ…
サク
いた!
ダッ
ナマクアカメレオン
発見!!
ビクッ
超レア!
ひこ
ひこ

検温・検査・観察中
体温を測らせてね
ぴっ
あ！
色が変わった！
警戒色!!
むーん
そろそろ
タオル乾いてきたから
休憩するか
ニコニコ
ひょこ
ひょこ

おーい
お！
ヒラタカナヘビと
一緒だったのか！
地面が熱くて
足を交互に
上げているぞ
サッ
サッ
さっきまで
ミズカキヤモリと
楽しそうに
していたじゃない
サッ
サッ
もしかして
ふられたとか
ピタッ
あ
…なんかごめん
待ってるわ
サッ
サッ

爬虫類図鑑

ナマクアカメレオン

DATE

学　名：*Chamaeleo namaquensis*
分　類：カメレオン科カメレオン属
全　長：約 25cm
分　布：アフリカ南西部ナミブ砂漠

危険度 ★☆☆☆☆

日中は白くなる！

気温や感情に
合わせて
変色するんだ

砂漠で暮らすため木に登ることが少ないので尻尾は細くて短い。

右：頭の後ろにはとがった隆起があり、背中の三角形の突起も発達している。
左：砂丘だけでなく岩場でも、長い舌で小さなヘビやサソリをパクリ。

砂を巻き上げ昆虫を追う砂漠のスプリンター

ナマクアカメレオンが生息するナミブ砂漠は、日中40℃、夜になると氷点下にまで下がる気温の差が激しい環境。そのため酷暑の日中は強い日差しを跳ね返すように体が白く変色し、夕方になると今度は少しでも身体に熱を吸収するために褐色になって、体温調節する。天敵が来て警戒したり、興奮すると黄緑がかった灰色になることも。

また、本来ゆっくり動くカメレオンと違い、地表を最高時速5キロで走る！ 暑い砂漠で獲物を素早く捕らえ、生き抜くために独自の進化をしている。

昆虫を食べて水分補給

ナマクアカメレオンの主食はコオロギなどの昆虫だが、とくに好物なのがゴミムシダマシ。じつはゴミムシダマシは砂漠に発生する霧を体に付着させて水滴に変え、体に水分を保持している。なのでナマクアカメレオンはゴミムシダマシを食べることで水分を得ているのだ。繁殖に関しては年に3回ほど産卵を行い、1回に6〜22個の卵を産み、3ヶ月ほどで孵化。メスは産卵場所を保護し、卵を食べに来たヘビと戦い追い払うこともあるようだ。

危険を感じると
体を膨らませ、
噴気音を出して
威嚇する

砂に隠れて獲物を狙う！

ペリングウェイアダーは、普通のヘビとは違い、頭が尖った鱗で覆われており、目が頭の上のほうにあるため、目だけを砂の中から出して、周囲を見ることができる。餌となるトカゲやヤモリが近くを通ると、砂の中から飛び出して

咬みついて捕らえる。性格は獰猛で人間にも咬みつく。毒があるため人間が被害にあうことも。繁殖形態は胎生。メスが体内で卵を育て、成長した後に体外に幼蛇が出る。1回に最大10頭の幼蛇を産むこともある。

かくれんぼなら大得意。
待ち伏せハンターさ！

危険度 ★★★☆☆

毒

ペリングウェイアダー

DATE

学　名：*peringueyi*
分　類：クサリヘビ科アフリカアダー属
全　長：25～32 cm
分　布：アフリカ大陸南西部（ナミブ砂漠）

DATE

学　名：*Pachydactylus rangei*
分　類：ヤモリ科フトユビヤモリ属
全　長：10～15 cm
分　布：アフリカ大陸南西部（ナミブ砂漠）

ミズカキヤモリ

危険度 ★☆☆☆☆

キーキー、
ゲロゲロと鳴いて、
仲間とおしゃべりするよ

ミズカキヤモリの特徴ある大きな目には縦長の瞳孔があり、日の光が当たると猫のように瞳孔が細くなる。

半透明ボディのヤモリ

半透明の体と大きな目が特徴のヤモリ。夜行性なので昼間は砂に潜って過ごし、夜になると地表に出て、エサとなるコオロギ、バッタ、小型のクモなどを大きな目で見つけて食べる。足の指と指の間に水かき状の皮膜がついているのは、砂漠で自由に歩きまわったり、砂を掘るために発達したと言われている。大きな目や水かきに夜露が水滴となってつくため、それをなめて水分補給をする。

現地では食用にされたり、ペット用に捕獲されて個体数が減っている。

アンチエタヒラタカナヘビ

DATE

学　名：*Meroles anchietae*
分　類：カナヘビ科ヒラタカナヘビ属
全　長：12cm
分　布：アフリカ大陸南西部（ナミブ砂漠）

危険度★☆☆☆☆

♪アチッチ、アチッチ♪リズムに合わせて踊るよ

警戒したり、獲物を前にすると長い尻尾を丸めたり伸ばしたりする。
後ろ足だけで全速力で走ることも。

熱い砂漠で灼熱ダンス！

アンチエタヒラタカナヘビは、日中、ナミブ砂漠の地表が70℃近くまで高温になるため、熱い砂になるべく触れないように、足を交互に上げてやけどしないようにする。この姿がまるでダンスを踊っているように見えることから、Thermal《サーマル》 dance《ダンス》（灼熱ダンス）を踊るトカゲとして有名になった。手足の指の鱗が長いのは、砂漠で砂を掻いて素早く走り、獲物となるクモやコオロギを追いかけるため。口先がくちばしのようにとがっているのも特徴。体全体も平べったく、砂や岩の下に潜りやすくなっている。

熱い砂の下に棲んでいるので、手で触ると体は冷たく感じる。

砂漠を這う足なしトカゲ

ナミブジムグリトカゲには足がなく、砂の中で体をくねらせて動く。砂漠の砂をよく見ると、まるでヘビが移動したときにできる波線のような跡ができる。平らな鼻、まぶたのない小さな目、そして外耳の開口部が鱗で覆われているのが特徴。日中の熱いうちは砂の中で過ごすが、日が落ちる頃に地表で活動し、シロアリやカブトムシなどの小さな昆虫を餌にする。繁殖形態は胎生。2月から3月の間に5㎝ほどの子どもを1～3匹ほど産む。

砂漠で生き抜くため
アシナシに進化したよ

危険度★☆☆☆☆

ナミブジムグリトカゲ

DATE

学　名：*Typhlacontias brevipes*
分　類：トカゲ科ジムグリトカゲ属
全　長：13cm
分　布：アフリカ大陸南西部（ナミブ砂漠）

自然の厳しさが生物の多様性を生み出した最古の砂漠

ナミビア共和国

面積：82万4116km²
人口：253.3万人
言語：英語（公用語）、アフリカーンス語、ドイツ語、部族語
気候：乾燥帯砂漠気候

酷暑の砂丘に生物が集う理由

歴史を刻む砂の惑星

ナミビアにあるナミブ砂漠は、約8、000万年前に誕生した世界最古の砂丘と言われています。ナミブ砂漠の砂の多くは川によって海に運ばれた大陸由来のもの。ドラケンスバーグ山脈からオレンジ川を通って、海に流れ出た砂がベンゲラ海流によって北方向に流され、強い南西の風を受けることで、沿岸地帯に吹き上がり砂丘が形成されました。

上：湖だった名残を感じさせない「死の谷」（デッドフレイ）。まるで別の惑星に来たようだ。
右：ナミブ砂漠は、自然の美しさ、砂漠の生態系の形成、生物の多様性などから、2013年世界自然遺産に登録された。

砂に鉄分が含まれ、オレンジ色の砂漠になるんだ

大昔、湖だった「死の谷」

砂丘をいくつも登ると、砂漠の中に突然、白い景色が現れます。そこは通称「死の谷」（デッドフレイ）と呼ばれ、約500年も前から干からびた木が残る、昔は湖だった場所。ナミブ砂漠は乾燥帯の気候のため、木々は微生物によって分解されることもなく、当時のままの姿で存在しています。

ダイヤモンドが採れる川

ナミビアは、世界でも有数のダイヤモンド産出国。鉱業はナミビアの経済の柱となっていて、GDPの12％を占めています。ナミビアの南アフリカ側を流れるオレンジ川では昔らダイヤモンドが多く採掘されていました。オレンジ川から海に流れ出たダイヤモンドは西風を受け、ナミブ砂丘にも流れついています。

現在もナミビアの南西地域一帯は立ち入り禁止。政府の厳重な警備によって、貴重な資源であるダイヤモンドは守られているのです。

砂漠の向こうには大西洋。この環境が生物の多様性を生む。

座礁した船や動物の骸骨が眠るスケルトンコースト。

海岸からの霧が命をつなぐ

大西洋沖で発生する霧が、砂漠へ流れ命の水に変化

スケルトンコースト（骸骨海岸）には、沖合で発生する濃い霧の影響で座礁した船の残骸や動物などの骸骨が今でも多く残っています。そのため、世界でもっとも危険で恐ろしい海岸とも言われています。ナミブ砂漠の砂丘は風の影響で1年に15メートルほど移動するため、海岸の砂の下に埋まっていた骨が露出することもあるようです。大西洋沿いに面していることから、海岸近くで100日以上霧が発生し、年間50ミリの降雨量

に相当します。その霧が海風で砂漠へと流れることによって、ナミブ砂漠の生物の命をつなぐ水となっています。

食物連鎖で「水」をリレーする砂漠の生き物

ナミブ砂漠には150種もの爬虫類が生息していると言われています。酷暑のナミブ砂漠で生きる爬虫類たちは、大西洋から流れてくる霧を有効活用して、水分補給しています。ミズカキヤモリは霧が出る朝方になると特徴的な大きな目についた水滴を長い舌でなめて水分を摂っています。

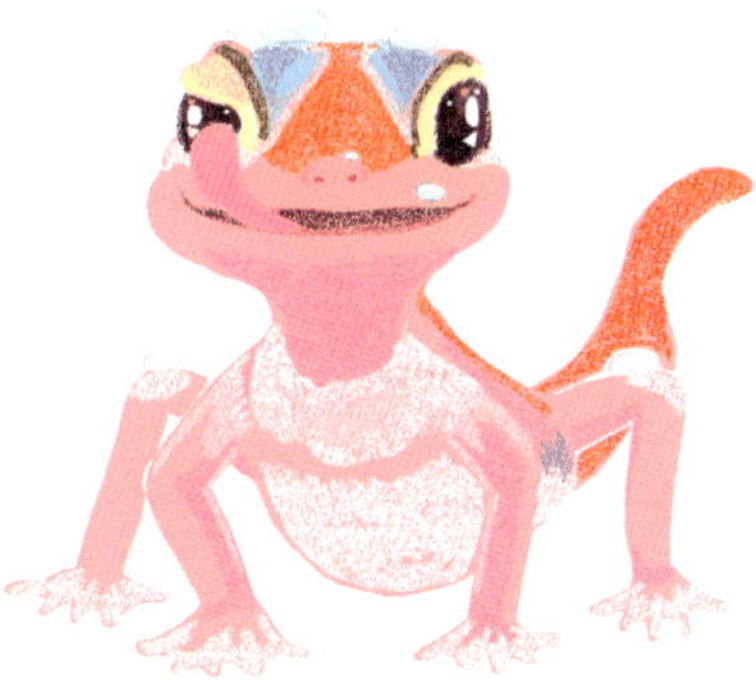

夜間に獲物を見つけるのに適した大きな瞳は、空気中の霧が水滴になってつくのにも役にたっている。

「砂漠の水筒」と呼ばれる。大気中から水分を得ることができるのをヒントに、各企業が水分収集する方法を研究している。

またナミブ砂漠に生息するゴミムシダマシの仲間は、砂漠で尻を上げて逆立ちをして、体についた露を口に流し込んで水分を補給しています。日が昇ると霧は一瞬で消え、一気に灼熱地獄になるため、必死で水を集めるのです。

また自分で水分を補給できないナマクアカメレオンなどは、ゴミムシダマシを食べて水分を得ます。さらにそれらの爬虫類をモグラやネズミが食べ、さらにモグラやネズミを鳥たちが捕食します。このように食物連鎖をして貴重な「水」をリレーしているのです。

砂穴

自分で掘ったり、ほかの生き物が掘った巣穴を利用したりする。砂を掘って過ごすことで、少しでも暑さから逃れ、天敵から身を隠すことができる。

逆境から生きる知恵を学ぶ

砂に潜って身を守る

図鑑ページでも紹介したように、ミズカキヤモリやナミブジムグリトカゲなど砂漠で暮らすほとんどの爬虫類たちは、日中は砂に潜って過ごし、少しでも体を酷暑から守る暮らしをしています。熱い砂の上を素早く走ったり、まるで泳ぐように砂の中に潜るため、手足の指が長くなったり、指の間に水かきのような、被膜をもったり、平たい体型に進化してきました。逆境で生きるためには、少しでも快適な場所を選ぶことが大切で、体の変化が必要なのです。

スナシロアリのオアシス

ナミブ砂漠の最大のミステリーと言われるのが、フェア

スナシロアリが植物の根を食べることで、地中に水がたまりやすくなり、そこに新たな植物が育つ。シロアリを食べにくる爬虫類が集まり、その爬虫類を狙って哺乳類も集まる。砂漠の食物連鎖の重要な役割は、スナシロアリが担っていると言ってもいいだろう。

リーサークルです。諸説ありますが、スナシロアリが植物を食べた跡地がサークル状になったという説が有力です。

シロアリは世界に3，000種ほど生息し、砂漠のような厳しい環境でも生き抜く生命力にあふれています。ナミブ砂漠は乾燥した地域のため、スナシロアリが植物の葉や根を食べることで、砂地の水分が吸収されることがなくなり、砂地の湿度が上がります。その影響でフェアリーサークルの地中は水分保持力が上がり、新たな植物がサークルの周囲に根を張って茂みを作ります。よって植物とシロアリのコロニーが共存関係となり、網目模様のオアシスが作られるのです。またスナシロアリは、もともと爬虫類たちの餌にもなるので、スナシロアリから始まる連鎖が、ナミブ砂漠で暮らす生物たちにとって、逆境で生き残るための大切な存在と言えるのです。

ナミブ砂漠では、スナシロアリの見事な塚を見ることができる。

ナマカフクラガエル

ぷくぷくボディの人気者

危険度 ★☆☆☆☆

手足が短く、水かきがない。丸っこい体が愛嬌のあるカエル。ヘビやトカゲに狙われると、さらに体が膨らむ。普段は後ろ足を使って砂を掘って地中で暮らしている。水のない砂漠に適応するため、オタマジャクシにはならず卵内で直接カエルへと成長。

おもちゃみたいに「ピーピー」と鳴くよ

DATE

学　名：*Breviceps nomaquensis*
分　類：フクガエル科フクラガエル属
体　長：4～5cm
分　布：アフリカ大陸南部（ナミブ砂漠など）

サバクキンモグラ

砂漠の穴掘り名人

目と尻尾がなく、前足の指には長い爪が生えている。一晩で約5km以上を掘り進んだ記録もある。夜行性で微妙な振動を感知してシロアリや甲虫、クモやミズカキヤモリを捕らえる。地表にいる獲物を砂の中に引きずり込んで捕食することもある。

DATE

学　名：*Eremitalpa granti*
分　類：キンモグラ科サバクキンモグラ属
体　長：7～9cm
分　布：アフリカ大陸南部（ナミブ砂漠など）

危険度 ★☆☆☆☆

砂の中でも方向音痴にならないよ

ケープアラゲジリス

DATE

学　名：*Xerus inauris*
分　類：リス科アラゲジリス属
体　長：43 ～ 47cm
分　布：アフリカ大陸南部
（ナミブ砂漠など）

砂を掘って巣穴を作る

昼行性で巣穴を掘り、メスを中心とした群れで生活する。糞で敵かどうか見分けて、ジャッカルやヘビなどに追われると尾を振って相手を威嚇する。球根、果実、草、昆虫などを食べる。貯蓄をしないため、日中は食べ物を探して歩き回る。

ふさふさの尻尾を頭にかざして日傘代わりにするんだ

危険度 ☆☆☆☆☆

サバクアシダカグモ

DATE

学　名：*Carparachne aureoflava*
分　類：アシダカグモ科
サバクアシダカグモ属
体　長：18 ～ 24mm
分　布：アフリカ大陸南部
（ナミブ砂漠など）

体を丸め砂丘を転がる

普通のクモのように糸で巣を張らず、砂丘の斜面に穴を掘って棲む。夜間に徘徊して昆虫から小さなヤモリまでを捕食する。危険を感じると足を体に引きつけて丸まり、砂の斜面を高速回転しながら転がり落ちて逃げる。

回転スパイダーとは、俺様のことさ！

危険度 ★☆☆☆☆

Reptile trivia
爬虫類
豆知識

trivia 07

パンサーカメレオン。目玉は左右連動せずに別々に動いて視界は360°見渡せる！

カメレオンが体の色を変える理由は？

実はおしゃべり!? カメレオンの体色変化

爬虫類が体色を変えるのは、これまで周囲の色に溶け込んで敵の目をくらますカムフラージュのためと考えられてきた。

しかし、カメレオンを見ていると色の変化は擬態のためだけに限らないことが分かる。カメレオンは瞬時に体色を変えられるが、これは敵から隠れるためだけではなく体色を変えることによって今自分がどんな気分であるかを表現し、相手とコミュニケーションをとろうとしている目的もあるようだ。

オスが気に入ったメスに求愛するときやオス同士で争うとき、体の色の変化が激しくなる。争いでは負けたオスは「降参」とも言わんばかりに暗色に体の色を変えてそそくさと退散する。人に触れられればとっさに警戒色に変わるのも、まるで「びっくりするなあもう！」とでも叫んでいるかのようだ。

声帯を持たないカメレオンは声をあげて鳴くことはないが、その体色の変化をじっと観察していると、実におしゃべりでユニークな生き物に思えてくる。

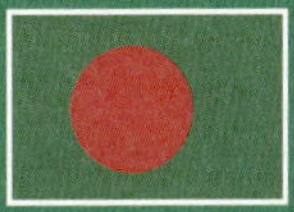

8章

バングラデシュ

これから行くのは
マングローブの森
ザザザ
ザザザ
バングラデシュ
シュンドルボン
カトー
少しの間
エンジン切るね

ここらへん貨物船とか襲う海賊のアジトがあるんだよね
へっ!? あ、そうなんですか!
…なるほどなぁ マングローブの林の中に隠れているのは
動物だけじゃないってことか
ぴゃっ
あ!ガンジスカワイルカ!
びょん
淡水で生活する珍しいイルカで絶滅危惧種だよ

ここでは〝カワイルカ見るとラッキーな事が起こる〟って言われてるのよ
だからカトーたくさん動物見つかると……
ビュッ
もっと近くで見たい！
タッ
ドボン

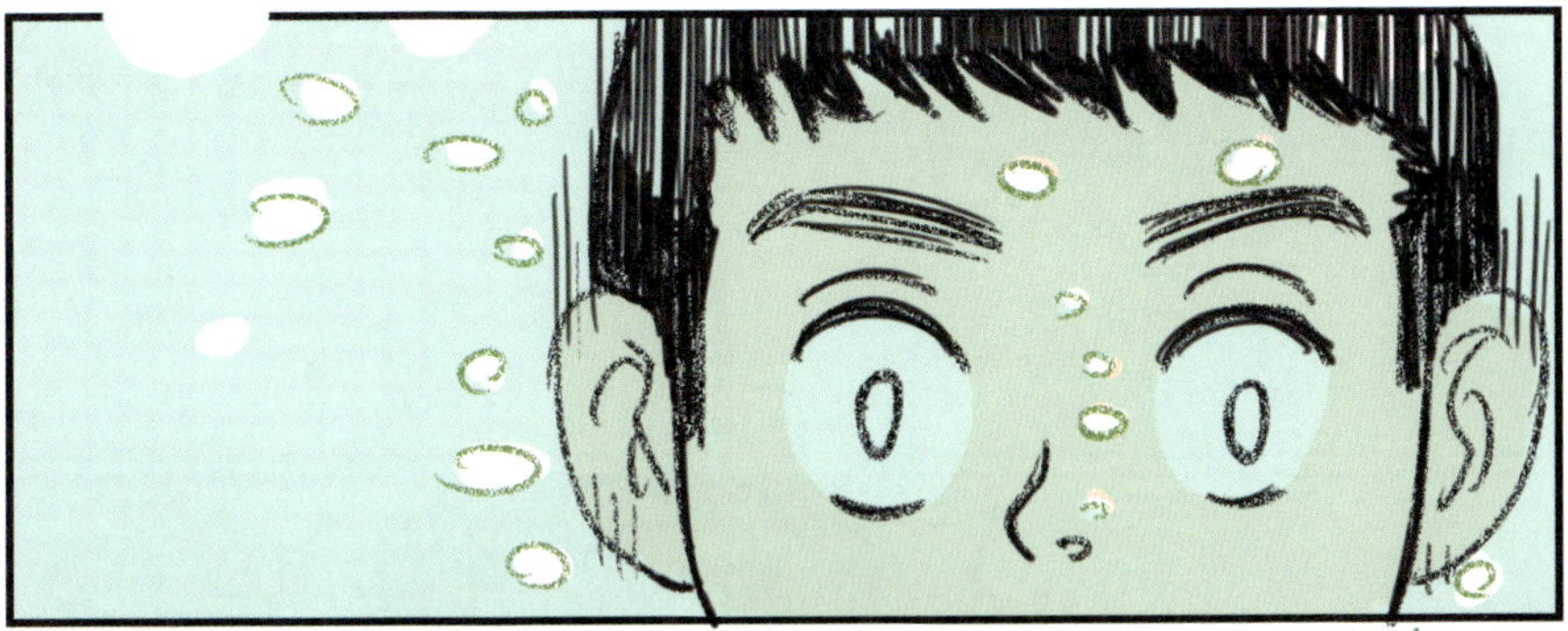

さすが
カワイルカ
速いな！

おーーーッ！
淡水ヘビの
キール
ウミワタリ！
すーーーい
あっ
ゴポポ
イリエワニ!!
全長6メートルはあるな！
縄張り意識が
強いから
これ以上
近づくのは
よそう

プハッ
凄い！こんなにたくさんの生物を見られるなんて！
よし！岸まで行ってみるか
これは…
はっ

ガルルルルル
うおおお!!
バッ
ふるふる

ドッ
ハァ
ハァ
ハァ
い、いまのは
さすがに
危なかった
ハァ
ハァ
……
でもトラが
いるおかげで
人の手が
及ばない森に
…ここは
生物の楽園
なんだね
ハァ
ハァ

イリエワニ

DATA

学　名：*Crocodylus porosus*
分　類：クロコダイル科クロコダイル属
全　長：4m～最大7m
分　布：インドからベトナムにかけてのアジア大陸及びオーストラリア

危険度★★★★★

水の中に
引きずり込んだら
俺様の勝ち！

本来は警戒心が強く、人間を襲うのは捕食というより縄張りを犯されたとき。

イリエワニの特徴である鋭い歯は、下アゴの正面から4番目の歯で最大約9cmにもなる。

ワニの歯は獲物を細かく噛み砕くのには適していない。鳥やサルくらいの大きさなら丸呑みすることが多い。

恐竜時代から水辺で君臨し続ける 世界最強のワニ

ワニの中でもっとも凶暴！

爬虫類の中では最大級の大きさで、オスのイリエワニは最大で7mにもなる。和名のイリエワニは、入江《いりえ》やマングローブの林を好んで棲息するため。動物食で魚類や両生類、爬虫類、鳥類、哺乳類などを捕食する。イリエワニはワニの中でも特に攻撃的な性質で、噛む力は最大級。空腹時に人間や家畜を襲った例も。水の中に潜んで獲物を捕らえ、鳥などは丸呑みし、それ以上の大きさなら水の中に引きずり込んで溺死《できし》させるか、「デス・ロール」（肉の塊を引きちぎるためのワニの回転運動）で引き裂いて食べる。

ワニの噛む力の秘密

噛みつく力が強いのは、アゴの筋肉がとても太く、これで下アゴを強く引き上げるから。口を閉じるアゴの筋肉は強いにもかかわらず、口を開く筋肉は弱い。そのため口をガムテープなどで留めると開くことができない。またワニの脳は哺乳類に比べて小さく体重の0.05％しかない。しかし、獲物を捕らえるための学習能力は高く、それが恐竜時代から現在まで生き残れた理由といわれている。

ワニの驚異の身体能力！

陸にいるときはゆっくりと動くイリエワニも水からの攻撃になると俊敏な動きになる。泳ぐのも速く、なんと最速で時速30㎞！　オリンピックの自由形の選手が時速7.2㎞で泳ぐのと比べ、約4倍のスピードということになる。速く泳ぐ秘密は、太いしっぽを使って水をかくことで推進力を上げるから。水中からのジャンプ力もすごく、水面を飛ぶ鳥や、木の枝にぶら下がるアカゲザルを、水中から飛び上がって捕まえることもある。

太いしっぽで獲物を殴り倒すことも。ワニ同士の縄張り争いで戦うときの武器にもなる。

子どものイリエワニは黒い縞と体としっぽに斑点がある。鳥や大型魚に捕食されることも多く、大人になるまで生き残れるのはわずか。

右：巨体にも関わらず、水中からジャンプして水面に飛ぶ鳥や木にいるサルを襲う。

泳ぎは速く、獲物を水の中に引きずり込んでから食いちぎる。

テクタセタカガメ

危険度 ★☆☆☆☆

DATA

学　名：*Pangshura tecta*
分　類：イシガメ科コガタセタカガメ属
甲　長：最大23cm
分　布：インド北部、パキスタン南部、バングラデシュ

繁殖期は12～3月にかけて深さ20cm程の穴を掘って産卵する。

目元の赤い模様が自慢！

甲羅が屋根のように盛り上がる

名前にある「テクタ」とは、ラテン語で「屋根のような」という意味で、甲羅に筋《すじ》状の盛りあがりがある。食性は幼体では昆虫、甲殻類、貝類、魚類など動物食がメインだが、成長すると植物の葉や茎、果物、水草などを食べる傾向が強くなる。

泳ぎは上手で、早朝になると日光浴をする姿がよく目撃される。テクタセタカガメはメスのほうが大きくなり、オスはメスの半分の大きさにしかならない。棲息地では食用とされることも。開発よる棲息地の破壊や、乱獲で生息数は減少。「ワシントン条約附属書Ⅰ」に掲載されている。

キタインド ハコスッポン

DATA

学　名：*Lissemys punctata andersoni*
分　類：スッポン科ハコスッポン属
甲　長：最大37cm
分　布：バングラデシュ、インド北部、ネパール南東部

危険度 ★★☆☆☆

背中の甲の前部分と腹の甲の後足部分を閉じることができる。
見た目はキュートだけど咬みついたら離さないッ

黄色の水玉模様が美しい

甲羅《こうら》を閉じて頭をかくす。背中の甲《こう》がドーム状に盛り上がっているのが特徴。背甲の前部と腹の甲側の後肢《こうし》部分を蓋のように閉じることができる。背甲の色がオリーブ色で黄色の斑紋《はんもん》があり、美しいスッポンとして知られている。肉食で小魚や甲殻類、カエルなどを食べる。または陸に打ち上げられた動物の死体を食べることも。

メスは一度に10個ほど産卵。孵化した幼体の水玉模様は、水辺の草や根に紛れて体を隠す役割がある。

日光浴が好きで、よく陸に上がる。またスッポン科としてはめずらしく陸を歩いて水場を移動することがある。

危険度★★☆☆☆

繁殖期になると首のまわりが赤くなる

キスジヒバァ

臭《にお》い液を出して身を守る

DATA

学　名：*Amphiesma stolatum*
分　類　類：ナミヘビ科ヒバカリ属
全　長：70～90cm
分　布：バングラデシュ、ネパール、ミャンマー、インドネシア、中国など

棲息域によって微妙に体の色合いが変化し、最東分布域の台湾から西、または南へ行くにつれて色合いが薄くなる傾向が。動きは俊敏で、主にカエルを好んで食べる。捕まえられると総《そう》排泄孔《はいせっこう》から臭い液体を分泌して身を守る。

キールウミワタリ

黄色の水玉が美しい

DATA

学　名：*Cerberus rynchops*
分　類：ミズヘビ科ウミワタリ属
全　長：1m
分　布：バングラデシュ、インド北部、ネパール南東部

和名にある「キール」とは、ウロコに筋状の盛り上がり（キール）のあることが由来。遊泳能力に優れ、島から島へと泳ぐためウミワタリの名がつけられた。夜行性で、魚類や甲殻類を食べる。卵胎生《らんたいせい》で4匹から26匹の幼蛇を産む。

危険度★★☆☆☆

毒

弱い毒を持ってるよ

面積：147,000km²
人口：約 163,650,000 人
言語：ベンガル語
気候：熱帯気候

マングローブの密林に多くの生き物が棲む聖地

絶滅危惧種が棲む美しい森

まさに動植物の宝庫

シュンドルボンはインドとバングラデシュにまたがる世界最大のマングローブ群生地帯です。マングローブは海水と淡水が混ざり合う水域に生える植物で、海水でも成長することができます。水中では酸素の吸収が困難になるため、根を地上に出して空気をとりいれる呼吸根《こきゅうこん》が発達します。地面につきだした呼吸根は苔などの植物も繁殖し

上：マングローブの密林までクルナから船で南へ 50km。
下：人が入れないほど生い茂るマングローブは動物たちの安全地帯

やすく、爬虫類や鳥たちの餌となる生物が集まる楽園となるのです。

マングローブは最高の住処《すみか》

マングローブは密集して生えるため、動物たちの隠れるスペースが多くなります。入り組んだ密林のため人間が侵入しにくいことも、動植物にとって最高の住処と言える理由なのです。

これらの好条件が揃うことでシュンドルボンには鳥類、爬虫類、哺乳類が２６０種以上確認されており、ベンガルトラやガンジスカワイルカ、インドニシキヘビなど絶滅の危機に瀕する動物たちが棲息しています。

多種多様な生物が棲むシュンドルボンは、これらの貴重な生態系が評価され、１９９７年に世界遺産に登録されました。

地《ち》の利《り》を活かした農業

マングローブの密林と河川に恵まれたシュンドルボンは自然の宝庫。そこに棲む動植物だけでなく、人間にとっても大きな恩恵をもたらしています。黄金のベンガルと呼ばれる肥沃な大地を利用し、かつては人口の62%は農業に従事し、国民の7割以上が農村に住んでいました。現在でも農林水産業が経済生産のうち42.7%を占めています。川が水路のように張り巡らされている地形のため、交通手段は船がメイン。輸送になくてはならないものになっています。

自然の恵《めぐみ》を受けて暮らす

ハチミツとカワウソ漁

シュンドルボンの奥地には、ミツバチの大きな巣がたくさんあります。毎年、地元のハニーハンターが、マングローブの密林の奥に入っていき、天然のハチミツを採取しています。そのハニーハンターを虎《こ》視《し》眈《たん》々《たん》と狙っているのが、森の王者・ベンガルトラです。森を住処とするベンガルトラは、自分の縄張りに侵入する人間たちを襲うことがあります。ベンガルトラに襲われたハニーハンターの中には命を落としてしまった人も。彼らが命がけで採ってきたシュンドルボンの天然ハチミツは、世界中から高い人気があります。

またシュンドルボンには日本の鵜《う》飼いのようなカワウソ漁があります。カワウソに縄をつけて川に放ち、魚を獲らせる伝統的な漁なのですが、食欲旺盛なカワウソに獲った魚を食べられてしまうことが多く、効率が悪いのが難点。現在は、ごくわずかの地元民が続けているだけになりました。

シュンドルボンの住民の暮らしは、川を渡る船が必須。

ハニーハンター

シュンドルボンの森の奥には、巨大なミツバチの巣があり、ハニーハンターが巣を獲ってハチミツを得る。

カワウソ漁

現地に生息するカワウソとの共存が生み出したシュンドルボンならではの漁だ。

上：ベンガルトラが人の侵入を阻止することで森に棲む動物たちは守られている。
下：マングローブの森にはベンガルトラの足跡が。

ベンガルトラに守られた聖域

乱獲で絶滅危機の森の王

シュンドルボンには絶滅危惧種であるベンガルトラが棲息しています。20世紀初頭には約40000頭いましたが、ベンガルトラを狙った毛皮や頭部をはく製にした壁飾りや、スポーツ・ハンティングを目的とした狩猟の犠牲となったり、漢方薬の材料にすることを目的とした密猟者の乱獲によって、1960年代に入ると約1800頭まで激減。現在、シュンドルボンに300頭ほど棲息しているといわれています。

ベンガルトラは夜行性のた

め、現地のガイドでもほとんど見たことがないほど、人前に姿を見せることはありません。運が良いと夕暮れ時などにマングローブの水辺でベンガルトラを見ることができるかもしれません。

プロジェクト・タイガー

トラは最古より、アジアの文化の中で威厳の象徴として君臨してきました。生態系において頂点に位置するベンガルトラを絶滅から救うことは、シュンドルボンに棲むすべての動物たちや自然環境を保全することにつながります。インド政府は1973年に「プロジェクト・タイガー」という計画をたて、保護区を設定し、ベンガルトラを守ってきました。その一方で、森に侵入する人間へのベンガルトラによる被害も増加。ベンガルトラと、人間の棲み分けをするためにWWF（世界自然保護基金）は森に防御柵などを設置しました。その活動の甲斐もあって人間への被害は減っていきました。

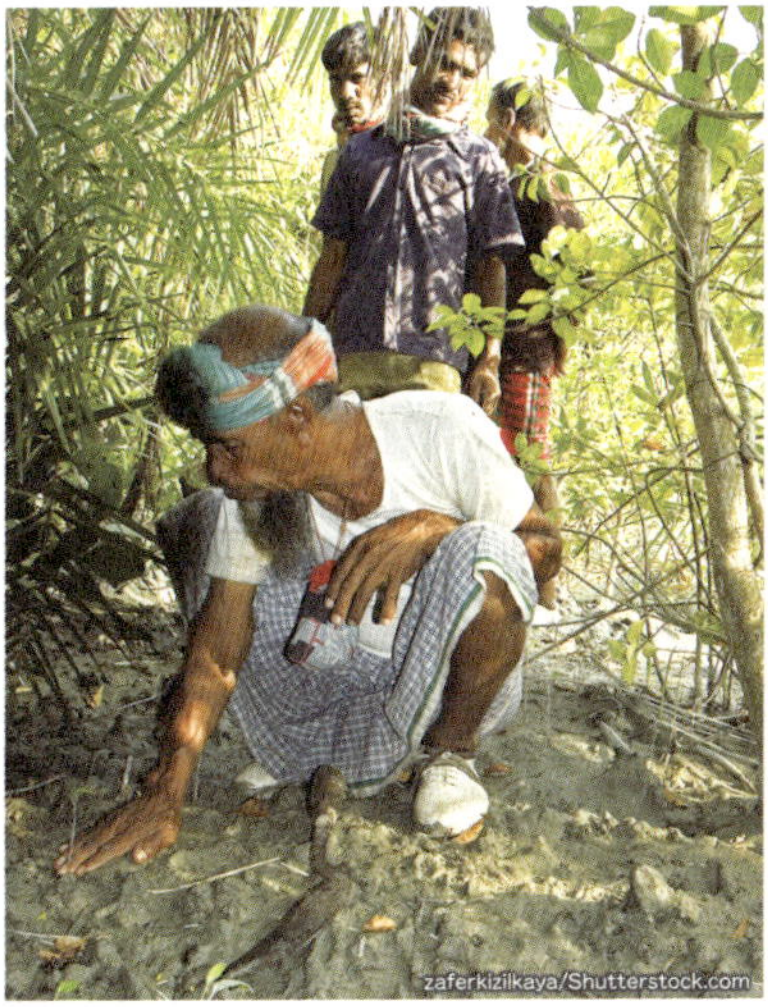

トラの縞模様は、茂みなどに身を隠す際、体の輪郭をわからなくする効果がある。

ベンガルトラからハニーハンターを守るため、トラの足跡に手をかざして祈るシャーマン。

しかし近年、気になるニュースが。バングラデシュ政府がシュンドルボン内に火力発電所の建設を計画中で、シュンドルボンの自然破壊が懸念《けねん》されています。国の発展と自然保護の両立の難しさを感じざるを得ません。

カワゴンドウ

DATA

学　名：*Orcaella brevirostris*
分　類：マイルカ科カワゴンドウ属
全　長：2～3 m
分　布：ベンガル湾、ガンジス川、メコン川など東南アジアの河川や海域

棲息数の減少が問題に

大きなメロン体（エコロケーション）と丸い頭部、口吻《こうふん》は短いのが特徴。泳ぎは遅く、回転するようにして上昇し、潜水する時のみ尾びれを水面上に上げて泳ぐ。スパイ・ホップ（水面から頭を出して周囲を見回す行動）の際に、口から水を吐く習性がある。

危険度 ★☆☆☆☆

シロイルカに似てるけど
シャチに近い仲間なんだ

アカゲザル

DATA

学　名：*Macaca mulatta*
分　類：オナガザル科マカク属
全　長：47～64cm
分　布：アフガニスタンからインド北部、中国南部。日本にも外来種として定着。

日本では外来種で問題に

昼行性で、10頭から50頭の群れで生活する。雑食性で果実や木の実、穀類のほか、カエル、トカゲなども食べる。遺伝子的にもニホンザルに近いが、しっぽは長め。日本でも飼育されていたアカゲザルが逃げて野生化し、ニホンザルとの交雑《こうざつ》が問題となった。

危険度 ★★☆☆☆

川を泳ぐのも
得意だよ

コツメカワウソ

危険度 ★★☆☆☆

日本では密輸され
問題にもなってる！

DATA

学　名：*Aonyx clnerea*
分　類：イタチ科ツメナシカワウソ属
全　長：41 ～ 64cm
分　布：インド、インドネシア

水中も陸上もすばしっこい

泳ぎが得意で水中での生活に適しているが、陸上でも自由に動きまわる。肉食性で、ザリガニ、カエル、魚などを捕食。水かきをもった四肢は短く、耳、目、鼻が同一線上に並んでいるため、水面上に同時に出し、周囲の様子をうかがうことができる。

ベンガルトラ

DATA

学　名：*Panthera tigris tigris*
分　類：ネコ科ヒョウ属
全　長：1.4m ～ 2.8m
分　布：インド亜大陸
（スリランカを除く）

森林の生態系の頂点

一晩で10㎞から20㎞歩き回って単独で狩りをする。長距離を走ることは得意ではないので、茂みから突然襲いかかる。主にイノシシ、シカ、スイギュウを捕食する。縞模様は他の亜種（マレートラなど）と比べると少ない。

バングラデシュ
には、300 頭しか
いないのだ

危険度 ★★★★★

Reptiles column

爬虫類
豆知識

column 08

爬虫類はメスだけでも繁殖する!?

単為生殖が自然界でどのくらい実例があるのか、今後の調査が待たれる。

「単為生殖」は絶滅回避になるのか?

爬虫類は戦略的に「単為生殖」という方法で、メスが卵や子どもを産むことがある。有名な話では1章でも紹介した動物園のコモドオオトカゲのメスが、オスと交尾しないで卵を産んだ例だ。ふ化した子どもはすべてオスで、メスの親と成長したオスの子どもとの間で、繁殖することが可能になる。「単為生殖」は、オスのいない環境で役立つのかもしれない。

一方、南米に棲息するボアコンストリクターは、オスのいる環境でもオスと交尾しないでメスが子どもを産んだことが、飼育環境で明らかになった。このボアの子どもはすべてメスだったというから、「単為生殖」の謎は深い。その他、アメリカ大陸に棲息するニューメキシコハシリトカゲは、なんとメス同士で交尾して繁殖し、メスしか存在しない。ちなみに日本でもオガサワラヤモリは「単為生殖」で増えることが知られている。

爬虫類以外では、ミツバチは女王蜂が「単為生殖」でまずオスを産み、そのあとにオスと交尾してメス（働き蜂）を産む。また、ミジンコやゴキブリでは、メスしかいない環境になると「単為生殖」を行なってオスを産む例もある。

植物では、ドクダミやタンポポ、キイチゴなどで「単為生殖」が見られる。自然界では子孫を残す方法として、「単為生殖」を行なうケースがあるのだ。

人為的《じんいてき》単為生殖でマウスが誕生した例も

ここまで紹介してきた例は、自然界で発生する「単為生殖」のため、自然単為生殖というが、人工的に起こした例もあり、これを人為単為生殖という。２００４年、「かぐや」と名づけたマウスが、世界初で人為単為生殖による哺乳類の発生として成功して話題となった。

単為生殖で生まれた子どもは親のクローン

これらの例から、絶滅危惧を回避する方法として「単為生殖」という戦略はあるのかもしれないが、問題は「単為生殖」で生まれた子どもは親のクローンということ。クローンは遺伝子の多様性がないことから、環境の変化や免疫力が弱く、絶滅することが多い。「単為生殖」はかえって、絶滅の危機を招く恐れがあることも忘れてはならない。

メスしか存在しないニューメキシコハシリトカゲ
（学名：*Aspidoscelis neomexicanus*）

おまけマンガ

旅を終えて地元静岡
…
ガラ
ガラ
加藤せんせー！ねぇこれ見て！
テテテテ
テテテテ
おーっ
これは在来種のヤモリだね
もう早く逃がしなさい！気持ちわるいんだから
もう急にすいません
アハハ
何もしないから大丈夫ですよ
すっ

ヤモリは有害物質が苦手なんだ
ぴたり
だからヤモリが住む場所は人が住むにも優しい環境なんだよ
もといた場所にもどしてねー
ムニャ
…かとー ねむい もど…
うつら うつら
る
ポンッ
ストン
パシッ
…次はどこに行こうかね
ムニャ
いこうかね
ムニャ

おわりに

私とバディである不思議なトカゲとの爬虫類探しの旅、いかがでしたか？

これまで50カ国、100地域以上で数多くの爬虫類と出会ってきましたが、爬虫類たちと対峙《たいじ》するたび、彼らに畏敬《いけい》の念を抱かずにはいられません。爬虫類は人間が出現するずっと以前からこの地球に存在し、環境の変化にも負けず、進化を遂げながら生き抜いてきました。そんな爬虫類たちの生命力を目の当たりにすると、「地球上で人間だけが偉いなんて思えないなぁ」と、心底、感じてしまいます。

また、世界で爬虫類探しをするときは、必ず現地の人たちとコミュニケーションをはかり、情報収集をするのですが、ここでも「郷《ごう》に入《い》れば郷に従え」とばかりに日本とは違う現地のルールに従わなければなりません。

爬虫類を探す旅を通じて、毎回、地球の大きさや自然の偉大さ、いろいろな国の歴史や環境、そしてそこに棲む人々の文化を知ることになるのです。

この本を通じて爬虫類だけでなく、その国に棲息する動物たちや人々の暮らしにも興味をもっていただけたらこんなに嬉しいことはありません。

おっと、ここまでお伝えするのを忘れていましたが、マンガに登場した不思議なトカゲの正体は**【オオクチガマトカゲ】**（学名：*Phrynocephalus mystaceus*）です。気づいた人もいるかもしれませんね。

なぜ今回の旅のバディに選んだのかと言うと、私がトルクメニスタンのカラクム砂漠で捕獲し、野生の姿を日本で初めて紹介することができた愛着がある存在だからです。当時はまだ和名がなかったため、私が命名しました。

いつもは一人旅が多いのですが、この本の中では「私の心の声」を代弁する存在として登場してもらいました。

世界中には、まだまだ魅力的な爬虫類がたくさんいます。これからも、すごい爬虫類に出会うべく、ワクワク旅を続けていきたいと思っています。

またどこかでお会いできる日まで！　バディと一緒に楽しみにしています。

令和元年9月

加藤英明

参考文献

・『は虫類・両生類 (講談社の動く図鑑 MOVE)』(講談社)
・『爬虫類・両生類 800 種図鑑』(ピーシーズ)
・『爬虫・両生類ビジュアルガイド　ヘビ』(誠文堂新光社)
・『爬虫・両生類ビジュアルガイド 水棲ガメ 2 ユーラシア・オセアニア・アフリカのミズガメ』(誠文堂新光社)
・『ヘビ大図鑑』(緑書房)
・Colored Atlas of the Reptiles of the North Eurasia
・Galapagos: A Natural History, Revised and Expanded
・Snakes & Other Reptiles of Borneo
・The Namib and some of its Faschinating Reptiles
・Turtles of the United States and Canada
・Red book of threatened amphibians and reptiles of Bangladesh
・Red book of threatened mammals of Bangladesh

参考サイト

WWF ジャパン	https://www.wwf.or.jp/
IUCN Red List of Threatened Species	https://www.iucnredlist.org/
NATIONAL GEOGRAPHIC	https://natgeo.nikkeibp.co.jp/nng/news

写真提供

123RF	Getty Images
ピクスタ	Minden Pictures /amanaimages
Shutterstock	naturepl.com /amanaimages
iStock.com	photolibrary

加藤英明
1979年静岡県生まれ。静岡大学大学院教育学研究科修士課程修了後、岐阜大学大学院連合農学研究科博士課程修了。農学博士。現在、静岡大学教育学部講師。爬虫類ハンターとして世界中を旅して爬虫類の生態調査を行っている。主な著書に『世界ぐるっと爬虫類探しの旅〜不思議なカメとトカゲに会いに行く〜』『爬虫類ハンター加藤英明が世界を巡る』（共にエムピージェー）など多数。主なテレビ出演に『クレイジージャーニー』（TBS）『ザ！鉄腕！ DASH!!』（日本テレビ）『緊急SOS! 池の水をぜんぶ抜く大作戦』（テレビ東京）などがある。

蛸山めがね
イラストレーター、漫画家。主な作品に『てくてく巡礼〜秩父札所三十四ヶ所観音霊場＆三峯神社〜』（白夜書房）がある。

カバーデザイン　中山詳子
DTPデザイン・地図　吉田恵子
企画・構成・編集　山本櫻子・堤 澄江（FIX JAPAN）
マンガ編集　穴水菜水（ZUBON）
編集・進行　渡会拓哉（誠文堂新光社）

加藤英明《かとうひであき》の爬虫類《はちゅうるい》ワールドハンティング
マンガでわかる！ 世界《せかい》のすごい爬虫類《はちゅうるい》

2019年9月10日　発　行　NDC481

著　者　加藤英明《かとうひであき》
マンガ・イラスト　蛸山《たこやま》めがね
発行者　小川雄一
発行所　株式会社 誠文堂新光社
〒113-0033　東京都文京区本郷3-3-11
（編集）電話03-5800-3614
（販売）電話03-5800-5780
http://www.seibundo-shinkosha.net/
印刷所　株式会社 大熊整美堂
製本所　和光堂 株式会社

©2019,Hideaki Kato.　Printed in Japan

検印省略　禁・無断転載

落丁・乱丁本はお取り替え致します。
本書に掲載された記事の著作権は著者に帰属します。
これらを無断で使用し、展示・販売・ワークショップ、および商品化等を行うことを禁じます。

本書のコピー、スキャン、デジタル化等の無断複製は、著作権法上での例外を除き、禁じられています。本書を代行業者等の第三者に依頼してスキャンやデジタル化することは、たとえ個人や家庭内での利用であっても著作権法上認められません。

JCOPY 〈（一社）出版者著作権管理機構 委託出版物〉
本書を無断で複製複写（コピー）することは、著作権法上での例外を除き、禁じられています。本書をコピーされる場合は、そのつど事前に、（一社）出版者著作権管理機構（電話 03-5244-5088／FAX 03-5244-5089／e-mail:info@jcopy.or.jp）の許諾を得てください。

ISBN978-4-416-71910-7

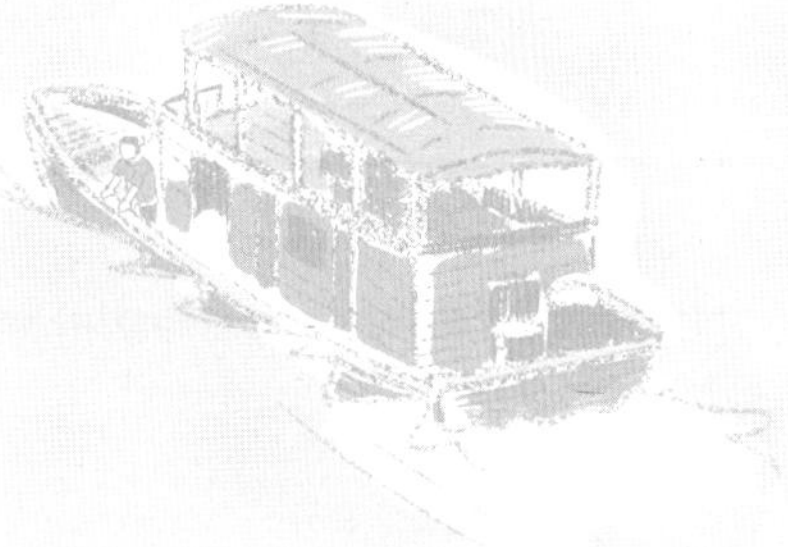